ALBUM

DE

TRICOGRAPHIE

OU

RECUEIL DE MODÈLES DE TRICOT.

TYPOGRAPHIE DE HENRI PLON, IMPRIMEUR DE L'EMPEREUR
8, RUE GARANCIÈRE, A PARIS.

BREVET DE 15 ANS S. G. D. G.

ALBUM
DE
TRICOGRAPHIE
OU
RECUEIL DE MODÈLES DE TRICOT
AVEC EXPLICATIONS

PAR

M. SAJOU.

Médaille de 1re classe à l'Exposition universelle de 1855.

PARIS

CHEZ M. SAJOU, RUE DE RAMBUTEAU, 52

AU MAGASIN GÉNÉRAL & SPÉCIAL DES OUVRAGES DE DAMES.

En France et à l'Étranger, chez tous les Libraires et dans les magasins de travaux à l'aiguille.

1861

AUX

AMATEURS DE TRICOT.

Lorsque j'ai fait paraître les premiers dessins de tricot expliqués par ma nouvelle méthode, j'exprimais la crainte de voir longtemps méconnus les avantages qui résultent des moyens simples que de longues années de recherches m'ont procurés. Je n'osais pas espérer un prompt succès, et je me résignais à voir dédaigner pendant longtemps ce qui m'avait coûté tant de peines; mais je restais profondément convaincu que tôt ou tard la *tricographie* deviendrait la langue universelle des amateurs du tricot, comme la musique écrite, est la langue universelle des amateurs d'harmonie.

Le succès est venu démentir mes prévisions, et à peine les premiers éléments de ma méthode avaient-ils fait leur apparition, que je recevais de toutes parts des félicitations qui me prouvaient que j'avais été compris par les personnes les plus aptes à me juger. Il ne m'en fallut pas davantage pour m'encourager à faire de nouvelles publications en ce genre, et après avoir fait paraître une certaine quantité de modèles, je viens encore aujourd'hui offrir un nouveau recueil plus important que ceux qui l'ont précédé, dans lequel la nouveauté se trouve, je crois, avec le goût et l'élégance.

Habitué que je suis à rechercher tout ce qui peut faciliter le travail, je veux que ce nouveau recueil soit agréable aux personnes qui redouteraient de faire connaissance avec quelques signes si simples qui composent l'*Alphabet tricographique;* c'est pourquoi j'accompagne mes modèles de leurs explications écrites.

SAJOU.

AVANT-PROPOS.

Il n'est pas inutile, je crois, de signaler ce que les explications écrites ont de défectueux, et, par contre, d'énumérer les avantages que procure la *tricographie*.

Chacun sait combien les répétitions continuelles des mêmes termes, permettent difficilement d'éviter les erreurs dans des indications qu'on aurait à transcrire; et combien surtout, la lecture qui doit en être faite *en même temps que le travail est exécuté,* demande de contention d'esprit, pour qu'il y ait moyen de les suivre exactement. De là des changements de mailles qui échappent, des oublis qui ne frappent qu'après coup, des additions qui arrêtent; sujets d'ennuis sans nombre, d'examens infructueux, de recherches vaines; et, pour résultat définitif trop souvent, l'obligation de défaire et de recommencer entièrement un ouvrage qu'on avait vu avec plaisir devenir déjà quelque chose.

Cette absence de tout contrôle, cette impossibilité à peu près absolue de découvrir le mal et d'y porter remède, autrement qu'en anéantissant le travail, s'il est peu avancé, ou en se résignant, dans le cas contraire, à accepter un dessin dénaturé, ont influé d'une manière fâcheuse sur le goût du tricot, que l'on perd insensiblement; ce qui fait que cette distraction, la plus agréable selon moi, est aujourd'hui presque complétement délaissée.

Qu'il me soit permis de le dire moi-même, pour la satisfaction des dames qui n'auraient quitté qu'à regret les aiguilles : avec la *tricographie,* les inconvénients disparaissent, et tout devient non-seulement aisé, mais plein d'intérêt. En effet, chacun étant à même de reconnaître que les mailles représentées par des signes peu nombreux, et s'accordant parfaitement sur un papier régulièrement divisé, qui donne la latitude de voir si toutes celles d'un rang correspondent avec celles du rang précédent, il est impossible qu'il sorte des mains de l'auteur une explication incorrecte. Ce premier point, d'une haute importance, ne laisse pas le moindre doute sur l'exactitude nécessaire au tricot que l'on désire entreprendre.

Passant maintenant à la facilité de la lecture, j'ajouterai que les vues les plus faibles peuvent saisir mes signes tricographiques, même à une distance assez grande.

Un avantage que je n'omettrai pas non plus d'indiquer, c'est que ma méthode fait comprendre tout de suite ce que j'appellerai le tableau du dessin, par la raison que les jours se montrent naturellement dans les augmentations et les diminutions de tout genre. Enfin, je dirai que des lignes obliques, servant de traits d'union entre les mailles qui dans le tableau ne peuvent se trouver sur la même ligne perpendiculaire, empêchent que la moindre erreur se produise sans être remarquée immédiatement, et réparée de même, sans altération ni difficulté.

De telles garanties, dont la démonstration et la preuve se lisent à chaque page de cet album, me donnent la confiance que la *tricographie* deviendra, dans un temps qui n'est pas éloigné peut-être, la méthode universelle du tricot.

EXPLICATION DE LA MÉTHODE.

Avant de parler des éléments divers dont se compose la *tricographie*, il me semble qu'il ne sera pas superflu de présenter de nouveau les expressions consacrées par l'usage depuis plusieurs années pour désigner les différentes mailles employées dans le tricot. Je vais le faire brièvement, et de la manière qui me paraît le plus à la portée des personnes déjà familiarisées avec ce genre de travail.

Maille simple. — C'est la maille à l'endroit, celle que l'on montre aux enfants lorsqu'on leur fait commencer le tricot.

Maille à l'envers. — C'est la maille au rebours et pour laquelle il est nécessaire de placer le fil vis-à-vis du corps, c'est-à-dire devant l'aiguille, au lieu de le tenir dessous, comme dans la maille simple.

Passe. — La *passe* est ce qu'on appelle *jetée.* Elle consiste à amener le fil sur l'aiguille comme on le fait pour se préparer à tricoter une maille à l'envers, et doit précéder une maille simple, ou d'autres mailles à l'endroit, dont nous parlerons plus tard. L'objet de la *passe* est d'ajouter une maille à celles qui existent déjà, et de produire un jour.

Passe à l'envers.— La *passe à l'envers* s'obtient par le même moyen que la *passe*, et donne un résultat semblable. Elle en diffère pourtant en ce que, se trouvant toujours entre deux mailles à l'envers, il faut que le fil, placé naturellement devant l'aiguille, passe dessus, un tour entier.

Passe double.— On comprend sans peine qu'il s'agit ici de faire deux tours au lieu d'un seul, soit à l'endroit, soit à l'envers. Il en est de même pour la passe triple, la passe quadruple, etc., etc.

Laisser le fil devant l'aiguille. — Cette indication, qui ne prescrit aucun mouvement, correspond à celle de la *passe*, et voici comment. Je suppose qu'on vienne de faire une maille à l'envers, et que l'on veuille augmenter d'une maille, pour immédiatement après exécuter une maille simple; alors on laisse le fil devant l'aiguille tel qu'il s'y trouve au sortir de la maille à l'envers, sans le passer dessous; ce qui est de rigueur avant de tricoter à l'endroit sans augmentation.

Deux mailles ensemble. — Agissez comme pour la maille simple et la maille à l'envers; seulement prenez-en deux d'une fois au lieu d'une. Il en sera ainsi lorsque vous voudrez en tricoter un plus grand nombre ensemble, soit à l'endroit, soit à l'envers.

Surjet simple.— Les *surjets* se font à l'endroit. On prend une maille sans tricoter, puis on tricote la suivante, sur laquelle on fait ensuite passer, en la prenant avec l'aiguille de gauche, la maille non tricotée, qui doit tomber entre les deux aiguilles. Comme les deux mailles ensemble, le surjet est la diminution d'une maille.

Surjet double. — Prenez une maille sans tricoter; tricotez ensemble les deux qui viennent après, et terminez comme un surjet simple, en faisant passer la première sur la seconde, et la laissant tomber entre les deux aiguilles.

Cette courte explication nous suffit pour passer immédiatement aux principes de la *tricographie*. Ils sont très-simples, et je vais jusqu'à penser que personne ne trouvera le moyen de les modifier en quoi que ce puisse être.

La base de la *tricographie* est une division perpendiculaire régulière, recevant une maille de deux en deux lignes, et permettant de placer les augmentations ou *passes* sur les lignes intermédiaires. Les lignes horizontales sont plus ou moins distancées, suivant les complications accidentées des dessins; et varient, afin que les lignes obliques se trouvent d'une inclinaison facile à saisir. Les signes principaux sont divisés en deux catégories : l'une se compose de ceux qui indiquent le travail à faire à l'endroit, et l'autre renferme ceux qui le prescrivent à l'envers. Les premiers sont représentés par des lignes droites, et les seconds montrent des croix ou lignes traversées par un ou plusieurs traits.

Je renvoie, pour l'explication de ces différentes notes, aux légendes spéciales de chacun des modèles proposés dans cet album, afin qu'on puisse se les rendre plus aisément familières, et j'aime à espérer que, de cette façon, une première expérience sera toujours suivie d'un plein succès ; au lieu qu'en donnant tout d'abord un tableau général, il y aurait à craindre que la vue n'en effrayât les personnes qui n'ont pas été accoutumées à soutenir trop longtemps les exigences d'une étude quelconque.

Ce que j'ai de très-essentiel à ajouter, c'est que je place toujours le premier rang en bas du tableau, et qu'on doit le commencer par la droite pour le finir par la gauche. On devra suivre la même marche dans tous les rangs impairs.

Au contraire, le deuxième rang et tous les rangs pairs se lisent de gauche à droite.

Par ce moyen, les mailles se trouvent sur le modèle comme dans l'ouvrage, c'est-à-dire les unes au-dessus des autres, soit qu'on les rencontre sur la même ligne perpendiculaire de la division, soit qu'elles se présentent sur une de celles qui l'avoisinent. C'est dans ce cas que les petites lignes obliques sont nécessaires.

On pourra remarquer, dans certains tableaux, des différences qui seraient capables d'embarrasser, si quelques détails particuliers ne venaient ici lever des doutes prévus. Telle est, par exemple, la difficulté admissible dans le signe de deux mailles ensemble, lequel varie beaucoup d'étendue, quoiqu'il reste toujours le même quant à la valeur. J'indique les mailles destinées à être tricotées *ensemble* par un trait horizontal de la même force que le trait vertical sur lequel il repose à droite et à gauche. Eh bien, ce trait horizontal, quelle qu'en soit la longueur, n'a qu'une seule signification, c'est qu'il réunit les deux mailles qui le supportent.

Cette variation que les surjets admettent quelquefois paraîtra peut-être choquante à première vue, mais elle sera, je le pense, reconnue nécessaire ensuite, par l'expérience et la connaissance des signes, dont l'enchaînement seul assure l'exactitude du dessin.

Un autre petit accident que je mentionnerai aussi, parce qu'il importe que les personnes qui voudront bien se servir de ma méthode puissent s'en rendre compte, est celui qui nécessite, soit dans une maille unique, soit dans une passe simple, double ou triple, l'exécution de deux ou de trois mailles consécutives. La tricographie démontre cette particularité d'une manière bien simple et avec une précision qui rend toute erreur impossible : c'est là encore que les lignes obliques sont utiles et indiquent tout, en convergeant sur la maille ou la passe destinée à un travail plusieurs fois répété. Ainsi, je suppose que je veuille annoncer : une maille à l'envers, une maille simple, et une maille à l'envers dans une même passe (ce qui arrive souvent pour former de grands jours), je place mes trois mailles à faire au-dessus de celle qui doit les recevoir, et sur laquelle je concentre les lignes partant des mailles qu'on doit produire. En un mot, mes lignes obliques remplacent l'accolade.

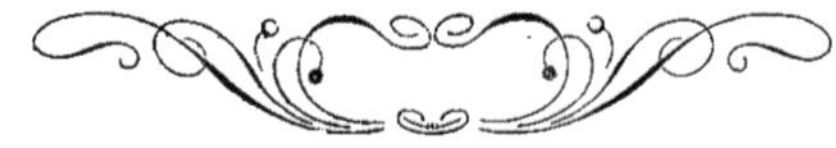

EXPLICATION DES MODÈLES.

Avant d'expliquer par les moyens anciens les différents modèles de ce recueil, je dois prévenir que, pour éviter des répétitions nombreuses, j'omettrai de parler des mailles qui forment les lisières.

Il ne faudra donc pas s'étonner si un modèle de 15 mailles, par exemple, ne reçoit l'explication que de 13; et, pour combler la différence, il faudra commencer chaque rang par 1 maille à l'envers sans la tricoter, et le terminer par 1 maille simple prise derrière l'aiguille. Il n'y a dans cet album que les dessins portant les numéros 8 et 10 qui échappent à cette recommandation.

Les deux petites lignes verticales (||), employées dans les explications, indiquent les limites des raccords.

N° 1.

ÉCHELLES EN BIAIS.

Montez sur 14 mailles, et ajoutez-en 5 pour chaque raccord en plus.

1er rang. 12 mailles simples.

2e rang. A l'envers. 1 passe, 2 mailles ensemble. || 3 mailles, 1 passe, 2 mailles ensemble. ||

3e rang. 2 mailles simples, || 2 mailles ensemble et 1 passe (2 fois), une maille simple. ||

4e rang. A l'envers. 2 mailles, 1 passe, 2 mailles ensemble, || 3 mailles, 1 passe, 2 mailles ensemble. || Terminez par 3 mailles.

5e rang. || 2 mailles ensemble et 1 passe (2 fois), 1 maille simple. || Terminez par 2 mailles ensemble et 1 passe.

6e rang. A l'envers. 4 mailles, 1 passe, 2 mailles ensemble, || 3 mailles, 1 passe, 2 mailles ensemble. || Terminez par 1 maille.

7e rang. 2 mailles ensemble, 1 passe, 1 maille simple, || 2 mailles ensemble et 1 passe (2 fois), 1 maille simple. ||

8e rang. A l'envers. 1 maille, 1 passe, 2 mailles ensemble, || 3 mailles, 1 passe, 2 mailles ensemble. || Terminez par 4 mailles.

9e rang. 1 maille simple, || 2 mailles ensemble et 1 passe (2 fois), 1 maille simple. || Terminez par 1 maille simple.

10e rang. A l'envers. || 3 mailles, 1 passe, 2 mailles ensemble. || Terminez par 2 mailles.

11e rang. 1 maille simple, 2 mailles ensemble, 1 passe, 1 maille simple, || 2 mailles ensemble et 1 passe (2 fois), 1 maille simple. || Terminez par 2 mailles ensemble, 1 passe et 1 maille simple.

12e rang. A l'envers. 1 passe, 2 mailles ensemble. || 3 mailles, 1 passe, 2 mailles ensemble, ||

13e rang. Comme le 3e.

N° 2.

FOND PLEIN A JOURS EN BIAIS.

Montez sur 17 mailles, et ajoutez-en 5 pour chaque raccord en plus.

1er rang. 1 maille simple, || 1 maille simple, — 1 passe et 1 surjet simple (2 fois). || Terminez par 1 maille simple, 1 passe, 1 surjet simple et 1 maille simple.

2e rang. A l'envers. || 3 mailles, 2 mailles ensemble, 1 passe. || Terminez en laissant le fil devant l'aiguille, pour former la passe.

3e rang. 1 maille simple, 1 passe, 1 surjet simple, || 1 maille simple, — 1 passe et 1 surjet simple (2 fois). || Terminez par 2 mailles simples.

4e rang. A l'envers. 1 maille, 2 mailles ensemble, 1 passe, || 3 mailles, 2 mailles ensemble, 1 passe. || Terminez par 2 mailles.

5e rang. || 1 maille simple, — 1 passe et 1 surjet simple (2 fois). ||

6e rang. A l'envers. 1 maille, || 3 mailles, 2 mailles ensemble, 1 passe. || Terminez par 4 mailles.

7e rang. Laissez le fil devant l'aiguille, 1 surjet simple, || 1 maille simple, — 1 passe et 1 surjet simple (2 fois). || Terminez par 1 maille simple, 1 passe et 1 surjet simple.

8e rang. A l'envers. 2 mailles, 2 mailles ensemble, 1 passe, || 3 mailles, 2 mailles ensemble, 1 passe. || Terminez par 1 maille.

9e rang. Laissez le fil devant l'aiguille, 1 surjet simple, 1 passe, 1 surjet simple, || 1 maille simple, — 1 passe et 1 surjet simple (2 fois). || Terminez par 1 maille simple.

10e rang. A l'envers. 2 mailles ensemble, 1 passe, || 3 mailles, 2 mailles ensemble, 1 passe. || Terminez par 3 mailles.

11e rang. Comme le 1er.

N° 3.

ENTRE-DEUX.

15 mailles.

1er rang. 2 mailles à l'envers. Laissez le fil devant l'aiguille, 1 maille simple, 1 surjet simple, 6 mailles simples, 2 mailles à l'envers.

2e rang. 2 mailles simples, 5 mailles à l'envers, 2 mailles ensemble à l'envers, 1 maille à l'envers, 1 passe à l'envers, 1 maille à l'envers, 2 mailles simples.

3e rang. 2 mailles à l'envers, 2 mailles simples, 1 passe, 1 maille simple, 1 surjet simple, 4 mailles simples, 2 mailles à l'envers.

4e rang. 2 mailles simples, 3 mailles à l'envers, 2 mailles ensemble à l'envers, 1 maille à l'envers, 1 passe à l'envers, 3 mailles à l'envers, 2 mailles simples.

5e rang. 2 mailles à l'envers, 4 mailles simples, 1 passe, 1 maille simple, 1 surjet simple, 2 mailles simples, 2 mailles à l'envers.

6e rang. 2 mailles simples, 1 maille à l'envers, 2 mailles ensemble à l'envers, 1 maille à l'envers, 1 passe à l'envers, 5 mailles à l'envers, 2 mailles simples.

7e rang. 2 mailles à l'envers, 6 mailles simples, 1 passe, 1 maille simple, 1 surjet simple, 2 mailles à l'envers.

8e rang. 2 mailles simples, 9 mailles à l'envers, 2 mailles simples.

9e rang. Comme le 1er.

N° 3 *bis.*

ENTRE-DEUX.

15 mailles.

1er rang. 2 mailles à l'envers, 6 mailles simples, 2 mailles ensemble, 1 maille simple, 1 passe à l'envers, 2 mailles à l'envers.

2e rang. 2 mailles simples, 1 maille à l'envers, 1 passe à l'envers, 1 maille à l'envers, 2 mailles ensemble à l'envers, 5 mailles à l'envers, 2 mailles simples.

3e rang. 2 mailles à l'envers, 4 mailles simples, 2 mailles ensemble, 1 maille simple, 1 passe, 2 mailles simples, 2 mailles à l'envers.

4e rang. 2 mailles simples, 3 mailles à l'envers, 1 passe à l'envers, 1 maille à l'envers, 2 mailles ensemble à l'envers, 3 mailles à l'envers, 2 mailles simples.

5e rang. 2 mailles à l'envers, 2 mailles simples, 2 mailles ensemble, 1 maille simple, 1 passe, 4 mailles simples, 2 mailles à l'envers.

6e rang. 2 mailles simples, 5 mailles à l'envers, 1 passe à l'envers, 1 maille à l'envers, 2 mailles ensemble à l'envers, 1 maille à l'envers, 2 mailles simples.

7e rang. 2 mailles à l'envers, 2 mailles ensemble, 1 maille simple, 1 passe, 6 mailles simples, 2 mailles à l'envers.

8e rang. 2 mailles simples, 9 mailles à l'envers, 2 mailles simples.

9e rang. Comme le 1er.

N° 4.

FOND PLEIN A JOURS VARIÉS.

Montez sur 19 mailles, et ajoutez-en 12 pour chaque raccord en plus.

1er rang. 1 maille simple, || 1 passe, 1 surjet simple, 7 mailles simples, 2 mailles ensemble, 1 passe, 1 maille simple. || Terminez par 1 passe, 1 surjet simple, 2 mailles simples.

2e rang. A l'envers. 1 maille, 2 mailles ensemble, || 1 passe, 3 mailles, 1 passe, 2 mailles ensemble, 5 mailles, 2 mailles ensemble. || Terminez par 1 passe et 2 mailles.

3e rang. 3 mailles simples, || 1 passe, 1 surjet simple, 3 mailles simples, 2 mailles ensemble, 1 passe, 5 mailles simples. || Terminez par 1 passe et 1 surjet simple.

4e rang. A l'envers. 2 mailles, || 2 mailles ensemble, 1 passe, 1 maille, 1 passe, 2 mailles ensemble, 1 maille, 1 passe, 2 mailles ensemble, 1 maille, 2 mailles ensemble, 1 passe, 1 maille. || Terminez par 2 mailles ensemble, 1 passe et 1 maille.

5e rang. 2 mailles simples, 1 passe, 1 surjet simple, || 1 maille simple, 1 passe, 1 surjet double, 1 passe, 1 maille simple, 1 surjet simple, 1 passe, 3 mailles simples, 1 passe, 2 mailles ensemble. || Terminez par 1 maille simple.

6e rang. Mailles à l'envers.

7e rang. 1 maille simple, 1 surjet simple, || 1 passe, 1 maille simple, 2 mailles ensemble, 1 passe, 1 maille simple, 1 passe, 1 surjet simple, 1 maille simple, 1 passe, 1 surjet simple, 1 maille simple, 2 mailles ensemble. || Terminez par 1 passe et 2 mailles simples.

8e rang. A l'envers. 1 passe, 2 mailles ensemble, || 1 maille, 1 passe, 3 mailles ensemble, 1 passe, 1 maille, 2 mailles ensemble, 1 passe, 3 mailles, 1 passe, 2 mailles ensemble. || Terminez par 1 maille, 1 passe et 2 mailles ensemble.

9e rang. 2 mailles simples, || 2 mailles ensemble, 1 passe, 5 mailles simples, 1 passe, 1 surjet simple, 3 mailles simples. || Terminez par 2 mailles ensemble, 1 passe et 1 maille simple.

10e rang. A l'envers. 1 maille, || 1 maille, 1 passe, 2 mailles ensemble, 1 maille, 2 mailles ensemble, 1 passe, 1 maille, 1 passe, 2 mailles ensemble, 1 maille, 1 passe, 2 mailles ensemble. || Terminez par 1 maille, 1 passe, 2 mailles ensemble et 1 maille.

11e rang. 2 mailles ensemble, 1 passe, 1 maille simple, || 1 surjet simple, 1 passe, 3 mailles simples, 1 passe, 2 mailles ensemble, 1 maille simple, 1 passe, 1 surjet double, 1 passe, 1 maille simple. || Terminez par 1 surjet simple et 1 passe.

12e rang. Mailles à l'envers.

13e rang. Comme le 1er.

N° 5.

FOND PLEIN A OEILLETS ANGLAIS.

Montez sur 15 mailles, et ajoutez-en 8 pour chaque raccord en plus.

1er rang. Mailles à l'envers.

2e rang. Mailles simples.

3ᵉ rang. 6 mailles à l'envers, || 2 mailles ensemble, 1 passe double, 1 surjet simple, 4 mailles simples. || Terminez par 2 mailles simples.

4ᵉ rang. 6 mailles simples, || 1 maille simple, 1 maille à l'envers et 1 maille simple dans la passe double, 6 mailles simples. || Terminez par 1 maille simple.

5ᵉ rang. 8 mailles à l'envers, || 2 mailles ensemble, 1 passe double, 1 surjet simple, 4 mailles à l'envers. ||

6ᵉ rang. 5 mailles simples, || 1 maille à l'envers et 1 maille simple dans la passe double, 6 mailles simples. || Terminez par 3 mailles simples.

7ᵉ rang. 6 mailles à l'envers, || 2 mailles ensemble, 1 passe double, 1 surjet simple, 4 mailles à l'envers. || Terminez par 2 mailles à l'envers.

8ᵉ rang. 7 mailles simples, || 1 maille à l'envers et 1 maille simple dans la passe double, 5 mailles simples. || Terminez par 2 mailles simples.

9ᵉ rang. Mailles à l'envers.

10ᵉ rang. Mailles simples.

11ᵉ rang. 2 mailles à l'envers, || 2 mailles ensemble, 1 passe double, 1 surjet simple, 4 mailles à l'envers. || Terminez par 2 mailles à l'envers au lieu de 4.

12ᵉ rang. 3 mailles simples, — 1 maille à l'envers et 1 maille simple dans la passe double, || 6 mailles simples, — 1 maille à l'envers et 1 maille simple dans la passe double. || Terminez par 3 mailles simples.

13ᵉ rang. 4 mailles à l'envers, || 2 mailles ensemble, 1 passe double, 1 surjet simple, 4 mailles à l'envers. || Terminez par 2 mailles ensemble, 1 passe double et 1 surjet simple.

14ᵉ rang. 1 maille simple, — 1 maille à l'envers et 1 maille simple dans la passe double, || 6 mailles simples, — 1 maille à l'envers et 1 maille simple dans la passe double. || Terminez par 5 mailles simples.

15ᵉ rang. 2 mailles à l'envers, || 2 mailles ensemble, 1 passe double, 1 surjet simple, 4 mailles à l'envers. || Terminez par 2 mailles ensemble, 1 passe double, 1 surjet simple et 2 mailles à l'envers.

16ᵉ rang. 3 mailles simples, — 1 maille à l'envers et 1 maille simple dans la passe, || 6 mailles simples, — 1 maille à l'envers et 1 maille simple dans la passe double. || Terminez par 3 mailles simples.

17ᵉ rang. Comme le 1ᵉʳ.

Nº 6.

FOND PLEIN A JOURS OGIVAUX.

Montez sur 15 mailles, et ajoutez 4 mailles pour chaque raccord en plus.

1ᵉʳ rang. 1 maille simple, || 1 surjet simple, 1 passe double, 2 mailles ensemble. ||

2ᵉ rang. 1 maille à l'envers, — 1 maille à l'envers et 1 maille simple dans la passe double, || 2 mailles à l'envers, — 1 maille à l'envers et 1 maille simple dans la passe double. || Terminez par 2 mailles à l'envers.

3ᵉ rang. Comme le 1ᵉʳ.

4ᵉ rang. Comme le 2ᵉ.

5ᵉ rang. Comme le 1ᵉʳ.

6ᵉ rang. Comme le 2ᵉ.

7ᵉ rang. Comme le 1ᵉʳ.

8ᵉ rang. Comme le 2ᵉ.

9ᵉ rang. 1 maille simple, 1 passe, || 2 mailles ensemble, 1 surjet simple, 1 passe double. || Terminez par 1 passe au lieu d'une passe double.

10ᵉ rang. 1 maille à l'envers, || 2 mailles à l'envers, — 1 maille à l'envers et 1 maille simple dans la passe double. || Terminez par 4 mailles à l'envers.

11ᵉ rang. Comme le 9ᵉ.

12ᵉ rang. Comme le 10ᵉ.

13ᵉ rang. Comme le 9ᵉ.

14ᵉ rang. Comme le 10ᵉ.

15ᵉ rang. Comme le 9ᵉ.

16ᵉ rang. Comme le 10ᵉ.

17ᵉ rang. Comme le 1ᵉʳ.

N° 7.

DENTELLE A COQUILLES.

Montez sur 18 mailles, et ajoutez-en 16 pour chaque raccord en plus.

1er rang. || 6 mailles simples, 4 mailles à l'envers, 6 mailles simples. ||

2e rang. || 6 mailles à l'envers, 2 mailles simples, 1 passe triple, 2 mailles simples, 6 mailles à l'envers. ||

3e rang. || 6 mailles doubles à l'envers (il faut passer le fil deux fois autour de l'aiguille), 2 mailles à l'envers, — 1 maille à l'envers et 1 maille simple dans la passe triple (5 fois), 2 mailles à l'envers, 6 mailles doubles à l'envers. ||

4e rang. || Dédoublez les 6 mailles doubles et tricotez-les ensemble, 14 mailles simples. Dédoublez les six autres mailles doubles et tricotez-les ensemble. ||

5e rang. Comme le 1er.

N° 8.

BANDE POUR COUVERTURE.

Montez sur 21 mailles.

Cette bande n'a pas de mailles-lisières; elle se trouve bordée par les passes doubles, dont les ouvertures servent pour réunir les bandes ensemble.

1er rang. 1 passe double à l'envers, 2 mailles ensemble à l'envers, 17 mailles à l'envers, 1 passe double à l'envers, 2 mailles ensemble à l'envers.

2e rang. 1 passe double à l'envers, 2 mailles ensemble à l'envers, 17 mailles simples, 1 passe double à l'envers, 2 mailles ensemble à l'envers.

3e rang. 1 passe double à l'envers, 2 mailles ensemble à l'envers, 1 maille à l'envers, 1 maille simple, 1 passe, 4 mailles simples, 2 mailles ensemble, 1 maille à l'envers, 1 surjet simple, 4 mailles simples, 1 passe, 1 maille simple, 1 maille à l'envers, 1 passe double à l'envers, 2 mailles ensemble à l'envers.

4e rang. 1 passe double à l'envers, 2 mailles ensemble à l'envers, 1 maille simple, 7 mailles à l'envers, 1 maille simple, 7 mailles à l'envers, 1 maille simple, 1 passe double à l'envers, 2 mailles ensemble à l'envers.

5e rang. 1 passe double à l'envers, 2 mailles ensemble à l'envers, 1 maille à l'envers, 2 mailles simples, 1 passe, 3 mailles simples, 2 mailles ensemble, 1 maille à l'envers, 1 surjet simple, 3 mailles simples, 1 passe, 2 mailles simples, 1 maille à l'envers, 1 passe double à l'envers, 2 mailles ensemble à l'envers.

6e rang. Comme le 4e.

7e rang. 1 passe double à l'envers, 2 mailles ensemble à l'envers, 1 maille à l'envers, 3 mailles simples, 1 passe, 2 mailles simples, 2 mailles ensemble, 1 maille à l'envers, 1 surjet simple, 2 mailles simples, 1 passe, 3 mailles simples, 1 maille à l'envers, 1 passe double à l'envers, 2 mailles ensemble à l'envers.

8e rang. Comme le 4e.

9e rang. 1 passe double à l'envers, 2 mailles ensemble à l'envers, 1 maille à l'envers, 4 mailles simples, 1 passe, 1 maille simple, 2 mailles ensemble, 1 maille à l'envers, 1 surjet simple, 1 maille simple, 1 passe, 4 mailles simples, 1 maille à l'envers, 1 passe double à l'envers, 2 mailles ensemble à l'envers.

10e rang. Comme le 4e.

11e rang 1 passe double à l'envers, 2 mailles ensemble à l'envers, 1 maille à l'envers, 5 mailles simples, 1 passe, 2 mailles ensemble, 1 maille à l'envers, 1 surjet simple, 1 passe, 5 mailles simples, 1 maille à l'envers, 1 passe double à l'envers, 2 mailles ensemble à l'envers.

12e rang. Comme le 4e.

13e rang. 1 passe double à l'envers, 2 mailles ensemble à l'envers, 1 maille à l'envers, 6 mailles simples, 1 passe, 1 surjet double, 1 passe, 6 mailles simples, 1 maille à l'envers, 1 passe double à l'envers, 2 mailles ensemble à l'envers.

14e rang. 1 passe double à l'envers, 2 mailles ensemble à l'envers, 1 maille simple, 15 mailles à l'envers, 1 maille simple, 1 passe double à l'envers, 2 mailles ensemble à l'envers.

15e rang. Comme le 1er.

No 9.

DENTELLE.

17 mailles.

1er rang. 2 mailles simples, — 1 passe et 1 surjet simple (4 fois), — 1 passe triple et 1 surjet simple (2 fois), 1 maille simple.

2e rang. 2 mailles simples, — 1 maille à l'envers et 1 maille simple dans la passe, 1 maille simple, — 1 maille à l'envers, 1 maille simple et 1 maille à l'envers dans la passe, — 1 maille simple et 1 maille à l'envers (4 fois), 2 mailles simples.

3e rang. 2 mailles simples, — 1 passe et 1 surjet simple (4 fois), 8 mailles simples.

4e rang. 9 mailles simples, — 1 maille à l'envers et 1 maille simple (4 fois), 1 maille simple.

5e rang. 2 mailles simples, — 1 passe et 1 surjet simple (4 fois), — 1 passe double et 1 surjet simple (4 fois).

6e rang. 1 maille simple, — 1 maille à l'envers et 1 maille simple dans la passe (4 fois), — 1 maille simple et 1 maille à l'envers (4 fois), 2 mailles simples.

7e rang. 2 mailles simples, — 1 passe et 1 surjet simple (4 fois), 12 mailles simples.

8e rang. Rabattez 7 mailles, 6 mailles simples, — 1 maille à l'envers et 1 maille simple (4 fois), 1 maille simple.

9e rang. Comme le 1er.

No 10.

ENTRE-DEUX A COQUILLES.

18 mailles.

Cet entre-deux n'a pas de mailles-lisières; il se trouve bordé par les jours que produisent les passes doubles.

1er rang. 1 passe double à l'envers, 2 mailles ensemble à l'envers, 1 maille à l'envers, 1 passe à l'envers, 1 maille à l'envers, 10 mailles simples, — 1 maille à l'envers et 1 passe à l'envers (2 fois), 2 mailles ensemble à l'envers.

2e rang. 1 passe double à l'envers, 2 mailles ensemble à l'envers, 2 mailles simples, 1 passe, 1 maille simple, 10 mailles à l'envers, 1 maille simple, 1 passe, 2 mailles simples, 1 passe à l'envers, 2 mailles ensemble à l'envers.

3e rang. 1 passe double à l'envers, 2 mailles ensemble à l'envers, 3 mailles à l'envers, 1 passe à l'envers, 1 maille à l'envers, 10 mailles doubles à l'envers (il faut pour la maille double passer la laine 2 fois sur l'aiguille), 1 maille à l'envers, 1 passe à l'envers, 3 mailles à l'envers, 1 passe à l'envers, 2 mailles ensemble à l'envers.

4e rang. 1 passe double à l'envers, 2 mailles ensemble à l'envers, 4 mailles simples, 1 passe, 1 maille simple. — Dédoublez 5 mailles doubles à l'envers et faites 5 mailles ensemble (2 fois), 1 maille simple, 1 passe, 4 mailles simples, 1 passe à l'envers, 2 mailles ensemble à l'envers.

5e rang. Comme le 1er.

N° 11.

RIDEAUX.

Montez sur 13 mailles, et ajoutez-en 5 pour chaque raccord en plus.

1er rang. 1 maille simple, || 1 passe, 1 surjet simple, 3 mailles simples. ||

2e rang. Mailles à l'envers.

3e rang. 2 mailles simples, || 1 passe, 1 surjet simple, 3 mailles simples. || Terminez par 2 mailles simples.

4e rang. Mailles à l'envers.

5e rang. 3 mailles simples, || 1 passe, 1 surjet simple, 3 mailles simples. || Terminez par 1 maille simple.

6e rang. Mailles à l'envers.

7e rang. 2 mailles simples, 2 mailles ensemble, || 1 passe, 3 mailles simples, 2 mailles ensemble. || Terminez par 1 passe et 2 mailles simples.

8e rang. Mailles à l'envers.

9e rang. 1 maille simple, || 2 mailles ensemble, 1 passe, 3 mailles simples. ||

10e rang. Mailles à l'envers.

11e rang. || 2 mailles ensemble, 1 passe, 3 mailles simples. || Terminez par 4 mailles simples.

12e rang. Mailles à l'envers.

13e rang. 1 maille simple, || 1 passe, 3 mailles simples, 2 mailles ensemble. ||

14e rang. Mailles à l'envers.

15e rang. Comme le 1er.

N° 12.

DENTELLE.

12 mailles.

1er rang. 2 mailles simples, 1 passe, 2 mailles ensemble, 1 maille simple, — 1 passe double, et 2 mailles ensemble (2 fois), 1 maille simple.

2e rang. 2 mailles simples, — 1 maille simple, et 1 maille à l'envers dans la passe double, 1 maille simple, — 1 maille simple et 1 maille à l'envers dans la passe double, 3 mailles simples, 1 passe, 2 mailles ensemble.

3e rang. 2 mailles simples, 1 passe, 2 mailles ensemble, 8 mailles simples.

4e rang. 10 mailles simples, 1 passe, 2 mailles ensemble.

5e rang. 2 mailles simples, 1 passe, 2 mailles ensemble, 5 mailles simples, 1 passe double, 2 mailles ensemble, 1 maille simple.

6e rang. 2 mailles simples, — 1 maille simple et 1 maille à l'envers dans la passe double, 7 mailles simples, 1 passe, 2 mailles ensemble.

7e rang. 2 mailles simples, 1 passe, 2 mailles ensemble, 1 maille simple, 2 mailles ensemble, 1 passe quadruple, 2 mailles ensemble, 4 mailles simples.

8e rang. 5 mailles simples, — 1 maille simple, 1 maille à l'envers, 1 maille simple et 1 maille à l'envers dans la passe quadruple, 4 mailles simples, 1 passe, 2 mailles ensemble.

9e rang. 2 mailles simples, 1 passe, 2 mailles ensemble, 6 mailles simples, 1 surjet simple, 1 passe double, 2 mailles ensemble, 1 maille simple.

10e rang. 2 mailles simples, — 1 maille simple et 1 maille à l'envers dans la passe double; 9 mailles simples, 1 passe, 2 mailles ensemble.

11e rang. 2 mailles simples, 1 passe, 2 mailles ensemble, 11 mailles simples.

12e rang. 13 mailles simples, 1 passe, 2 mailles ensemble.

13e rang. 2 mailles simples, 1 passe, 2 mailles ensemble, 1 maille simple, — 1 passe double et 2 mailles ensemble (4 fois), 2 mailles simples.

14e rang. 2 mailles simples, — 1 maille simple dans les deux mailles ensemble, 1 maille simple et 1 maille à l'envers dans la passe double (4 fois), 3 mailles simples, 1 passe, 2 mailles ensemble.

15e rang. 2 mailles simples, 1 passe, 2 mailles ensemble, 15 mailles simples.

16e rang. 17 mailles simples, 1 passe, 2 mailles ensemble.

17e rang. 2 mailles simples, 1 passe, 2 mailles ensemble, 15 mailles simples.

18e rang. Rabattez 9 mailles, 8 mailles simples, 1 passe, 2 mailles ensemble.

19e rang. Comme le 1er.

N° 13.

BANDE POUR COUVRE-PIEDS.

Montez sur 5 mailles.

1er rang. 1 maille simple, 1 passe, 1 maille simple, 1 passe, 1 maille simple.

2e rang. 1 maille simple, 3 mailles à l'envers, 1 maille simple.

3e rang. 1 maille simple, 1 passe à l'envers, 1 maille à l'envers, 1 maille à l'envers sans la tricoter, 1 maille à l'envers. Laissez le fil devant l'aiguille, 1 maille simple.

4e rang. 1 maille simple, 5 mailles à l'envers, 1 maille simple.

5e rang. 1 maille simple, 1 passe à l'envers, — 1 maille à l'envers et 1 maille à l'envers sans la tricoter (2 fois), 1 maille à l'envers. Laissez le fil devant l'aiguille, 1 maille simple.

6e rang. 1 maille simple, 7 mailles à l'envers, 1 maille simple.

7e rang. 1 maille simple, 1 passe à l'envers, 7 mailles à l'envers. Laissez le fil devant l'aiguille, 1 maille simple.

8e rang. 1 maille simple, 9 mailles à l'envers, 1 maille simple.

9e rang. 1 maille simple, 1 passe à l'envers, — 1 maille à l'envers et 1 maille à l'envers sans la tricoter (4 fois), 1 maille à l'envers. Laissez le fil devant l'aiguille, 1 maille simple.

10e rang. 1 maille simple, 11 mailles à l'envers, 1 maille simple.

11e rang. 1 maille simple, 1 passe à l'envers, — 1 maille à l'envers et 1 maille à l'envers sans la tricoter (5 fois), 1 maille à l'envers. Laissez le fil devant l'aiguille, 1 maille simple.

12e rang. 1 maille simple, 13 mailles à l'envers, 1 maille simple.

13e rang. 1 maille simple, 1 passe à l'envers, — 1 maille à l'envers et 1 maille à l'envers sans la tricoter (2 fois), 2 mailles ensemble, 1 passe, 1 maille simple, 1 passe, 1 surjet simple, — 1 maille à l'envers sans la tricoter et 1 maille à l'envers (2 fois). Laissez le fil devant l'aiguille, 1 maille simple.

14e rang. 1 maille simple, 15 mailles à l'envers, 1 maille simple.

15e rang. 1 maille simple, 1 passe à l'envers, — 1 maille à l'envers et 1 maille à l'envers sans la tricoter (2 fois), 2 mailles ensemble, 1 passe, 3 mailles simples, 1 passe, 1 surjet simple, — 1 maille à l'envers sans la tricoter et 1 maille à l'envers (2 fois). Laissez le fil devant l'aiguille, 1 maille simple.

16e rang. 1 maille simple, 17 mailles à l'envers, 1 maille simple.

17e rang. 1 surjet simple, 1 passe à l'envers, 2 mailles ensemble à l'envers, 1 maille à l'envers sans la tricoter, 1 maille à l'envers, 1 maille à l'envers sans la tricoter, 1 maille simple, 1 passe, 1 surjet double, 1 passe, 1 maille simple, 1 maille à l'envers sans la tricoter, 1 maille à l'envers, 1 maille à l'envers sans la tricoter, 2 mailles ensemble à l'envers. Laissez le fil devant l'aiguille, 2 mailles ensemble.

18e rang. 1 maille simple, 15 mailles à l'envers, 1 maille simple.

19e rang. 1 surjet simple, 1 passe à l'envers, 2 mailles ensemble à l'envers, 1 maille à l'envers sans la tricoter, 1 maille à l'envers, 1 maille à l'envers sans la tricoter, 3 mailles simples, 1 maille à l'envers sans la tricoter, 1 maille à l'envers, 1 maille à l'envers sans la tricoter, 2 mailles ensemble à l'envers. Laissez le fil devant l'aiguille, 2 mailles ensemble.

20e rang. 1 maille simple, 13 mailles à l'envers, 1 maille simple.

21e rang. 1 surjet simple, 1 passe à l'envers, 2 mailles ensemble à l'envers, — 1 maille à l'envers sans la tricoter et 1 maille à l'envers (3 fois), 1 maille à l'envers sans la tricoter, 2 mailles ensemble à l'envers. Laissez le fil devant l'aiguille, 2 mailles ensemble.

22e rang. 1 maille simple, 11 mailles à l'envers, 1 maille simple.

23e rang. 1 surjet simple, 1 passe à l'envers, 2 mailles ensemble à l'envers, — 1 maille à l'envers sans la tricoter et 1 maille à l'envers (2 fois), 1 maille à l'envers sans la tricoter, 2 mailles ensemble à l'envers. Laissez le fil devant l'aiguille, 2 mailles ensemble.

24e rang. 1 maille simple, 9 mailles à l'envers, 1 maille simple.

25e rang. 1 surjet simple, 1 passe à l'envers, 2 mailles ensemble à l'envers, 1 maille à l'envers sans la tricoter, 1 maille à l'envers, 1 maille à l'envers sans la tricoter, 2 mailles ensemble à l'envers. Laissez le fil devant l'aiguille, 2 mailles ensemble.

26e rang. 1 maille simple, 7 mailles à l'envers, 1 maille simple.

27e rang. 1 surjet simple, 1 passe à l'envers, 2 mailles ensemble à l'envers, 1 maille à l'envers sans la tricoter, 2 mailles ensemble à l'envers. Laissez le fil devant l'aiguille, 2 mailles ensemble.

28e rang. 1 maille simple, 5 mailles à l'envers, 1 maille simple.

29e rang. 1 surjet simple, 1 passe à l'envers, 3 mailles ensemble à l'envers. Laissez le fil devant l'aiguille, 2 mailles ensemble.

30e rang. 1 maille simple, 3 mailles à l'envers, 1 maille simple.

31e rang. 1 surjet simple, 1 maille simple, 1 surjet simple.

32e rang. 1 maille simple, 1 maille à l'envers, 1 maille simple.

33e rang. Comme le 1er.

N° 14.

TRICOT POUR COUVERTURE.

Montez sur 24 mailles, et ajoutez-en 17 pour chaque raccord en plus.

1er rang. Laine de couleur, 22 mailles à l'envers.

2e rang. Laine blanche, 22 mailles à l'envers.

3e rang. Blanc. 1 maille simple, || 1 passe, 1 maille simple, — 3 mailles à l'envers et 1 maille simple (4 fois). || Terminez par 1 passe, 1 maille simple et 3 mailles à l'envers.

4e rang. Blanc. 3 mailles simples, 1 maille à l'envers, || 1 passe à l'envers, 1 maille à l'envers, 1 passe à l'envers, — 1 maille à l'envers et 3 mailles simples (4 fois), 1 maille à l'envers. || Terminez par 1 passe et 2 mailles simples.

5e rang. Blanc. 3 mailles simples, || 1 passe, 1 maille simple, — 2 mailles ensemble à l'envers, 1 maille à l'envers et 1 maille simple (4 fois), 1 passe, 3 mailles simples. || Terminez par 1 maille simple et 3 mailles à l'envers.

6e rang. Blanc. 2 mailles simples, 1 maille à l'envers, || 5 mailles à l'envers, 1 passe à l'envers, — 1 maille à l'envers et 2 mailles simples (4 fois), 1 maille à l'envers, 1 passe à l'envers. || Terminez par 4 mailles à l'envers.

7e rang. Blanc. 5 mailles simples, || 1 passe, 1 maille simple, — 2 mailles à l'envers et 1 maille simple (4 fois), 1 passe, 7 mailles simples. || Terminez par 1 maille simple et 1 maille à l'envers.

8e rang. Blanc. 1 maille à l'envers, || 9 mailles à l'envers, 1 passe à l'envers, 1 maille à l'envers, — 2 mailles ensemble et 1 maille à l'envers (4 fois), 1 passe à l'envers. || Terminez par 6 mailles à l'envers.

9e rang. Blanc. 7 mailles simples, || 1 passe, 4 surjets simples, 1 passe, 11 mailles simples. || Terminez par 1 maille simple.

10ᵉ rang. Couleur. 23 mailles à l'envers, 2 mailles ensemble à l'envers.

11ᵉ rang. Couleur. 24 mailles simples.

12ᵉ rang. Couleur. 24 mailles à l'envers.

13ᵉ rang. Couleur. 24 mailles à l'envers.

14ᵉ rang. Blanc. 2 mailles ensemble à l'envers (2 fois), 20 mailles à l'envers.

15ᵉ rang. Blanc. Comme le 3ᵉ.

N° 15.

DENTELLE.

Montez sur 30 mailles.

1ᵉʳ rang. 4 mailles simples, 1 passe, 1 surjet simple, 18 mailles simples, 1 passe, 1 surjet simple, 1 passe double, 2 mailles simples.

2ᵉ rang. 2 mailles simples, — 1 maille à l'envers et 1 maille simple dans la passe, 2 mailles simples, 1 passe, 1 surjet simple, 1 maille à l'envers, 1 surjet simple, 5 mailles simples, 1 passe triple, 5 mailles simples, 1 surjet simple, 1 maille à l'envers, 2 mailles simples, 1 passe, 1 surjet simple, 2 mailles simples.

3ᵉ rang. 4 mailles simples, 1 passe, 1 surjet simple, 1 maille simple, 2 mailles ensemble à l'envers, 4 mailles à l'envers, — 1 maille à l'envers et 1 maille simple dans la passe (3 fois), 1 maille à l'envers encore dans la passe, 4 mailles à l'envers, 2 mailles ensemble à l'envers, 1 maille simple, 2 mailles à l'envers. Laissez le fil devant l'aiguille, 1 surjet simple, 4 mailles simples.

4ᵉ rang. 6 mailles simples, 1 passe, 1 surjet simple, 1 maille à l'envers, 1 surjet simple, 3 mailles simples, — 1 passe et 1 maille simple (7 fois), 3 mailles simples, 1 surjet simple, 1 maille à l'envers, 2 mailles simples, 1 passe, 1 surjet simple, 2 mailles simples.

5ᵉ rang. 4 mailles simples, 1 passe, 1 surjet simple, 1 maille simple, 2 mailles ensemble à l'envers, 18 mailles à l'envers, 2 mailles ensemble à l'envers, 3 mailles simples, 1 passe, — 1 surjet simple et 1 passe double (2 fois), 2 mailles simples.

6ᵉ rang. 2 mailles simples, — 1 maille à l'envers et 1 maille simple dans la passe, 1 maille simple, — 1 maille à l'envers et 1 maille simple, dans la passe, 2 mailles simples, 1 passe, 1 surjet simple, 1 maille à l'envers, 1 surjet simple, 16 mailles simples, 1 surjet simple, 1 maille à l'envers, 2 mailles simples, 1 passe, 1 surjet simple, 2 mailles simples.

7ᵉ rang. 4 mailles simples, 1 passe, 1 surjet simple, 1 maille simple, 2 mailles ensemble à l'envers, 14 mailles à l'envers, 2 mailles ensemble à l'envers, 3 mailles simples, 1 passe, 1 surjet simple, 7 mailles simples.

8ᵉ rang. Rabattez 5 mailles, 4 mailles simples, 1 passe, 1 surjet simple, 1 maille à l'envers, 2 mailles ensemble à l'envers, 12 mailles à l'envers, 2 mailles ensemble à l'envers, 1 maille à l'envers, 2 mailles simples, 1 passe, 1 surjet simple, 2 mailles simples.

9ᵉ rang. Comme le 1ᵉʳ.

N° 16.

BANDE A JOURS EN ZIGZAG

POUR COUVRE-PIEDS.

Montez sur 15 mailles.

1ᵉʳ rang. 1 maille simple, — 1 passe et 2 mailles ensemble (2 fois), 1 passe, 3 mailles simples, — 1 passe et un surjet simple (2 fois), 1 passe, 1 maille simple.

2ᵉ rang. 15 mailles à l'envers.

3ᵉ rang. 1 maille simple, — 1 passe et 2 mailles ensemble (2 fois), 1 passe, 5 mailles simples, — 1 passe et 1 surjet simple (2 fois), 1 passe, 1 maille simple.

4e rang. 17 mailles à l'envers.

5e rang. 1 maille simple, — 1 passe et 2 mailles ensemble (2 fois), 1 passe, 7 mailles simples, — 1 passe et 1 surjet simple (2 fois), 1 passe, 1 maille simple.

6e rang. 19 mailles à l'envers.

7e rang. 1 maille simple, — 1 passe et 2 mailles ensemble (2 fois), 1 passe, 9 mailles simples, — 1 passe et un surjet simple (2 fois), 1 passe, 1 maille simple.

8e rang. 21 mailles à l'envers.

9e rang. 1 maille simple, — 1 passe et 2 mailles ensemble (2 fois), 1 passe, 11 mailles simples, — 1 passe et un surjet simple (2 fois), 1 passe, 1 maille simple.

10e rang. 23 mailles à l'envers.

11e rang. 1 maille simple, — 1 passe et 2 mailles ensemble (2 fois), 1 passe, 13 mailles simples, — 1 passe et un surjet simple (2 fois), 1 passe, 1 maille simple.

12e rang. 7 mailles à l'envers, 11 mailles simples, 7 mailles à l'envers.

13e rang. 1 surjet simple, — 1 passe et 1 surjet simple (3 fois), 9 mailles à l'envers, — 2 mailles ensemble et 1 passe (3 fois), 2 mailles ensemble.

14e rang. Comme le 12e.

15e rang. 1 surjet simple, — 1 passe et 1 surjet simple (3 fois), 7 mailles à l'envers, — 2 mailles ensemble et 1 passe (3 fois), 2 mailles ensemble.

16e rang. 7 mailles à l'envers, 7 mailles simples, 7 mailles à l'envers.

17e rang. 1 surjet simple, — 1 passe et 1 surjet simple (3 fois), 5 mailles à l'envers, — 2 mailles ensemble et 1 passe (3 fois), 2 mailles ensemble.

18e rang. 7 mailles à l'envers, 5 mailles simples, 7 mailles à l'envers.

19e rang. 1 surjet simple, — 1 passe et un surjet simple (3 fois), 3 mailles à l'envers, — 2 mailles ensemble et 1 passe (3 fois), 2 mailles ensemble.

20e rang. 7 mailles à l'envers, 3 mailles simples, 7 mailles à l'envers.

21e rang. 1 surjet simple, — 1 passe et 1 surjet simple (2 fois), 1 passe, 1 surjet double, — 2 mailles ensemble et 1 passe (3 fois), 2 mailles ensemble.

22e rang. 6 mailles à l'envers, 2 mailles ensemble à l'envers, 6 mailles à l'envers.

23e rang. Comme le 1er.

N° 17.

TRICOT POUR RIDEAUX.

Montez sur 39 mailles, et ajoutez-en 27 pour chaque raccord en plus.

1er rang. 1 maille simple, — 1 surjet simple, 1 passe double et 1 surjet simple (2 fois), || 2 mailles simples, 1 surjet simple, 5 mailles simples, 1 passe, 1 maille simple, 1 passe, 5 mailles simples, 1 surjet simple, 2 mailles simples, — 1 surjet simple, 1 passe double et 1 surjet simple (2 fois). Terminez par 1 maille simple.

2e rang. 2 mailles à l'envers, — 1 maille à l'envers et 1 maille simple dans la passe (2 fois). || 21 mailles à l'envers, — 1 maille à l'envers et 1 maille simple dans la passe, 2 mailles à l'envers, — 1 maille à l'envers et 1 maille simple dans la passe. || Terminez par 2 mailles à l'envers.

3e rang. 3 mailles simples, 1 surjet simple, 1 passe double, 1 surjet simple, || 4 mailles simples, 1 surjet simple, 4 mailles simples, 1 passe, 3 mailles simples, 1 passe, 4 mailles simples, 1 surjet simple, 4 mailles simples, 1 surjet simple, 1 passe double, 1 surjet simple. || Terminez par 3 mailles simples.

4e rang. 4 mailles à l'envers, — 1 maille à l'envers et 1 maille simple dans la passe, || 25 mailles à l'envers, — 1 maille à l'envers et 1 maille simple dans la passe. || Terminez par 4 mailles à l'envers.

5ᵉ rang. 1 maille simple, — 1 surjet simple, 1 passe double et 1 surjet simple (2 fois), || 2 mailles simples, 1 surjet simple, 3 mailles simples, 1 passe, 1 maille simple, 1 surjet simple, 1 passe, 2 mailles simples, 1 passe, 3 mailles simples, 1 surjet simple, 2 mailles simples, — 1 surjet simple, 1 passe double et 1 surjet simple (2 fois). || Terminez par 1 maille simple.

6ᵉ rang. Comme le 2ᵉ.

7ᵉ rang. 3 mailles simples, 1 surjet simple, 1 passe double, 1 surjet simple, || 4 mailles simples, 1 surjet simple, 2 mailles simples, 1 passe, 1 maille simple, 1 passe, 1 surjet simple, 1 maille simple, 1 surjet simple, 1 passe, 1 maille simple, 1 passe, 2 mailles simples, 1 surjet simple, 4 mailles simples, 1 surjet simple, 1 passe double, 1 surjet simple. || Terminez par 3 mailles simples.

8ᵉ rang. Comme le 4ᵉ.

9ᵉ rang. 1 maille simple, — 1 surjet simple, 1 passe double et 1 surjet simple (2 fois), || 2 mailles simples, 1 surjet simple, 1 maille simple, 1 passe, 3 mailles simples, 1 passe, 3 mailles ensemble, 1 passe, 3 mailles simples, 1 passe, 1 maille simple, 1 surjet simple, 2 mailles simples, — 1 surjet simple, 1 passe double et un surjet simple (2 fois). || Terminez par 1 maille simple.

10ᵉ rang. Comme le 2ᵉ.

11ᵉ rang. Comme le 3ᵉ.

N° 18.

FOND PLEIN A FEUILLES DE LILAS
POUR RIDEAUX.

Montez sur 34 mailles, et ajoutez-en 14 pour chaque raccord en plus.

1ᵉʳ rang. 2 mailles simples, 2 mailles à l'envers, 6 mailles simples, 2 mailles ensemble, 1 maille simple, 2 mailles à l'envers, || Laissez le fil devant l'aiguille, 1 maille simple, 1 passe à l'envers, 2 mailles à l'envers, 6 mailles simples, 2 mailles ensemble, 1 maille simple, 2 mailles à l'envers. || Terminez par 2 mailles simples.

2ᵉ rang. 2 mailles à l'envers, 2 mailles simples, 1 maille à l'envers, 2 mailles ensemble à l'envers, 5 mailles à l'envers, 2 mailles simples, || 3 mailles à l'envers, 2 mailles simples, 1 maille à l'envers, 2 mailles ensemble à l'envers, 5 mailles à l'envers, 2 mailles simples. || Terminez par 2 mailles à l'envers.

3ᵉ rang. 2 mailles simples, 2 mailles à l'envers, 4 mailles simples, 2 mailles ensemble, 1 maille simple, 2 mailles à l'envers, || 1 maille simple, 1 passe, 1 maille simple, 1 passe, 1 maille simple, 2 mailles à l'envers, 4 mailles simples, 2 mailles ensemble, 1 maille simple, 2 mailles à l'envers. || Terminez par 2 mailles simples.

4ᵉ rang. 2 mailles à l'envers, 2 mailles simples, 1 maille à l'envers, 2 mailles ensemble à l'envers, 3 mailles à l'envers, 2 mailles simples, || 5 mailles à l'envers, 1 maille simple, 2 mailles à l'envers, 2 mailles ensemble à l'envers, 3 mailles à l'envers, 2 mailles simples. || Terminez par 2 mailles à l'envers.

5ᵉ rang. 2 mailles simples, 2 mailles à l'envers, 2 mailles simples, 2 mailles ensemble, 1 maille simple, 2 mailles à l'envers, || 2 mailles simples, 1 passe, 1 maille simple, 1 passe, 2 mailles simples, 2 mailles à l'envers, 2 mailles simples, 2 mailles ensemble, 1 maille simple, 2 mailles à l'envers. || Terminez par 2 mailles simples.

6ᵉ rang. 2 mailles à l'envers, 2 mailles simples, 1 maille à l'envers, 2 mailles ensemble à l'envers, 1 maille à l'envers, 2 mailles simples, || 7 mailles à l'envers, 2 mailles simples, 1 maille à l'envers, 2 mailles ensemble à l'envers, 1 maille à l'envers, 2 mailles simples. || Terminez par 2 mailles à l'envers.

7ᵉ rang. 2 mailles simples, 2 mailles à l'envers, 2 mailles ensemble, 1 maille simple, 2 mailles à l'envers, || 3 mailles simples, 1 passe,

1 maille simple, 1 passe, 3 mailles simples, 2 mailles à l'envers, 2 mailles ensemble, 1 maille simple, 2 mailles à l'envers. || Terminez par 2 mailles simples.

8e rang. 2 mailles à l'envers, 2 mailles simples, 2 mailles ensemble à l'envers, 2 mailles simples, || 9 mailles à l'envers, 2 mailles simples, 2 mailles ensemble à l'envers, 2 mailles simples. || Terminez par 2 mailles à l'envers.

9e rang. 2 mailles simples, 2 mailles à l'envers. || Laissez le fil devant l'aiguille, 1 maille simple, 1 passe, 2 mailles à l'envers, 6 mailles simples, 2 mailles ensemble, 1 maille simple, 2 mailles à l'envers. || Terminez par : Laissez le fil devant l'aiguille, 1 maille simple, 1 passe, 2 mailles à l'envers, 2 mailles simples.

10e rang. 2 mailles à l'envers, 2 mailles simples, || 5 mailles simples, 1 maille à l'envers, 2 mailles ensemble à l'envers, 5 mailles à l'envers, 2 mailles simples. || Terminez par 3 mailles à l'envers, 2 mailles simples, 2 mailles à l'envers.

11e rang. 2 mailles simples, 2 mailles à l'envers, 1 maille simple, 1 passe, 1 maille simple, 1 passe, 1 maille simple, 2 mailles à l'envers, || 4 mailles simples, 2 mailles ensemble, 1 maille simple, 2 mailles à l'envers, 1 maille simple, 1 passe, 1 maille simple, 1 passe, 1 maille simple, 2 mailles à l'envers. || Terminez par 2 mailles simples.

12e rang. 2 mailles à l'envers, 2 mailles simples, 5 mailles à l'envers, 2 mailles simples, || 1 maille à l'envers, 2 mailles ensemble à l'envers, 3 mailles à l'envers, 2 mailles simples, 5 mailles à l'envers, 2 mailles simples. || Terminez par 2 mailles à l'envers.

13e rang. 2 mailles simples, 2 mailles à l'envers, 2 mailles simples, 1 passe, 1 maille simple, 1 passe, 2 mailles simples, 2 mailles à l'envers, || 2 mailles simples, 2 mailles ensemble, 1 maille simple, 2 mailles à l'envers, 2 mailles simples, 1 passe, 1 maille simple, 1 passe, 2 mailles simples, 2 mailles à l'envers. || Terminez par 2 mailles simples.

14e rang. 2 mailles à l'envers, 2 mailles simples, || 7 mailles à l'envers, 2 mailles simples, 1 maille à l'envers, 2 mailles ensemble à l'envers, 1 maille à l'envers, 2 mailles simples. || Terminez par 7 mailles à l'envers, 2 mailles simples, 2 mailles à l'envers.

15e rang. 2 mailles simples, 2 mailles à l'envers, || 3 mailles simples, 1 passe, 1 maille simple, 1 passe, 3 mailles simples, 2 mailles à l'envers, 2 mailles ensemble, 1 maille simple, 2 mailles à l'envers. || Terminez par 3 mailles simples, 1 passe, 1 maille simple, 1 passe, 3 mailles simples, 2 mailles à l'envers, 2 mailles simples.

16e rang. 2 mailles à l'envers, 2 mailles simples, || 9 mailles à l'envers, 2 mailles simples, 2 mailles ensemble à l'envers, 2 mailles simples. || Terminez par 9 mailles à l'envers, 2 mailles simples, 2 mailles à l'envers.

17e rang Comme le 1er.

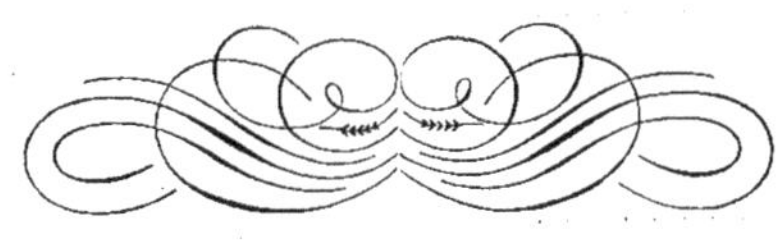

PARIS. TYPOGRAPHIE DE HENRI PLON, IMPRIMEUR DE L'EMPEREUR, RUE GARANCIÈRE, 8.

LE GUIDE SAJOU

RECUEIL COMPLET DE MÉTHODES ET DE RENSEIGNEMENTS

POUR APPRENDRE A EXÉCUTER TOUS LES TRAVAUX A L'AIGUILLE

Par M. SAJOU.

Quatre volumes grand in-8°, avec une grande collection de dessins très-remarquables.

Prix : 40 fr. — Chaque volume séparé : 10 fr.

COLLECTION D'ALBUMS.

Nos		fr.	c.
1	Crochet plein et dessins à perles. . . .	»	75
2	— — — —	»	75
3	— — — —	»	75
4	— — — —	»	75
5	— — — —	»	75
6	— — — —	»	75
7	Dessins de filets à perles.	»	75
8	Broderies lacet et jours avec explications.	»	75
9	Crochet à jour avec explications et méthode.	»	75
9 *bis.*	Le même, avec texte espagnol.	»	75
10	Crochet à jour.	»	75
11	Tricot avec explications et méthode. . .	»	75
12	— — —	»	75
13	Crochet à jour avec explications. . . .	»	75
14	— —	»	75
15	— —	»	75
16	Frivolité avec explications et méthode.	»	75
16 *bis.*	Le même, avec texte anglais.	»	75
17	Frivolité avec explications.	»	75
17 *bis.*	Le même, texte anglais.	»	75
18	Crochet à jour.	»	75
19	— —	»	75
20	— plein en couleurs.	1	50
21	— — —	1	50
22	Crochet plein en couleurs.	1	50
23	— — —	1	50
24	— — —	1	50
25	— — —	1	50
26	Alphabets tapisserie.	»	75
27	Crochet plein.	»	75
28	— —	»	75
29	— —	»	75
30	— à jour.	»	75

Nos		fr.	c.
31	Dessins pour filet avec perles.	»	75
32	Crochet plein en couleurs.	1	50
33	— —	»	75
34	— —	»	75
35	— — en couleurs.	1	50
36	— à jour.	»	75
37	— plein.	»	75
38	— —	»	75
39	— guipure.	»	75
40	Tricot avec explications.	»	75
41	Crochet plein.	»	75
42	— — en couleurs.	1	50
43	Potichomanie avec explications.	»	75
43 *bis.*	Le même, avec texte espagnol.	»	75
44	Fleurs au crochet avec explications. . .	»	75
45	— — — —	»	75
46	Crochet à jour.	»	75
47	Tricographie. Tricot avec explic., in-8°.	2	50
48	— — — . . .	»	75
49	Crochet à jour	»	75
50	—	»	75
51	Crochet tunisien avec explic. et méthode.	»	75
52	— — —	»	75
53	Broderie blanche, lettres, écussons, couronnes, gr. in-8° à l'italienne. . .	1	25
54	Crochet, modèles et explications d'ouvrages variés.	»	75
55	Crochets, modèles et explications d'ouvrages variés.	»	75
	Jolis petits albums variés pour alphabets, broderies, crochet, filet, tapisserie, etc., à l'italienne	»	25
	Albums pour marques, alphabets, inscriptions, sujets, bordures, etc.	»	40

LA MIMOSCULPTURE, méthode et explications pour imiter en cuir les fleurs et la sculpture sur bois, par M. SAJOU. Un volume avec 12 planches. 1 50

Le même ouvrage, avec 12 planches en couleurs d'après nature. . . . . 4 »

MÉTHODE DE TRICOGRAPHIE BREVETÉE S.G.D.G.

DENTELLE À COQUILLES

N° 7

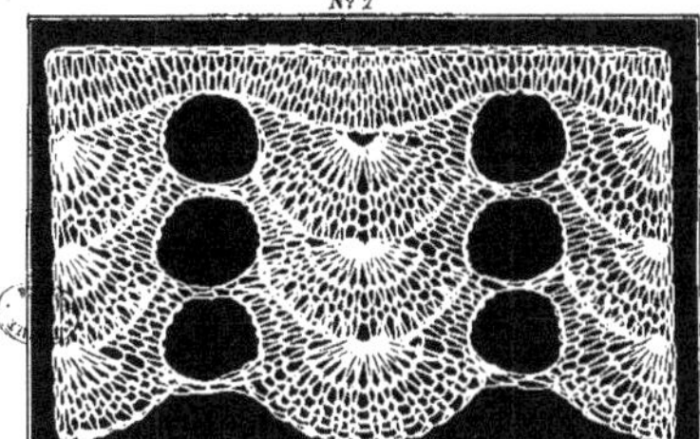

SAJOU

52, Rue de Rambuteau,

PARIS.

MAGASIN

de dessins & d'ouvrages

DE DAMES

18 Mailles & 16 en plus pour chaque raccord

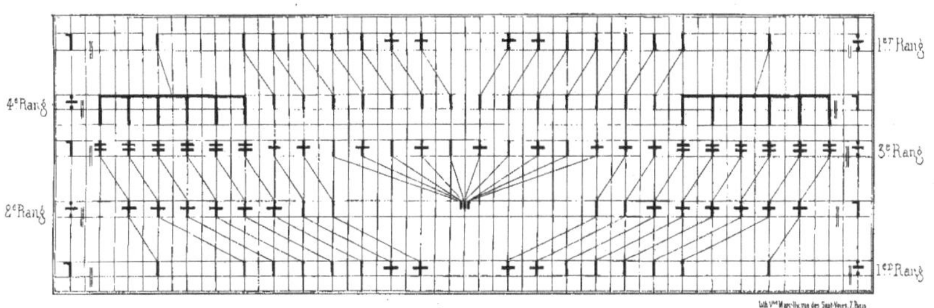

SIGNES EMPLOYÉS DANS CE MODÈLE

÷ Maille à l'envers sans la tricoter. | Maille simple. + Maille à l'envers. ˥ Maille simple prise derrière l'aiguille.

‡ Maille double à l'envers. Il faut passer deux fois le fil autour de l'aiguille ┌┬┬┬┬┐ Six mailles simples-longues ensemble. Il faut commencer par dédoubler les six mailles doubles [illegible]

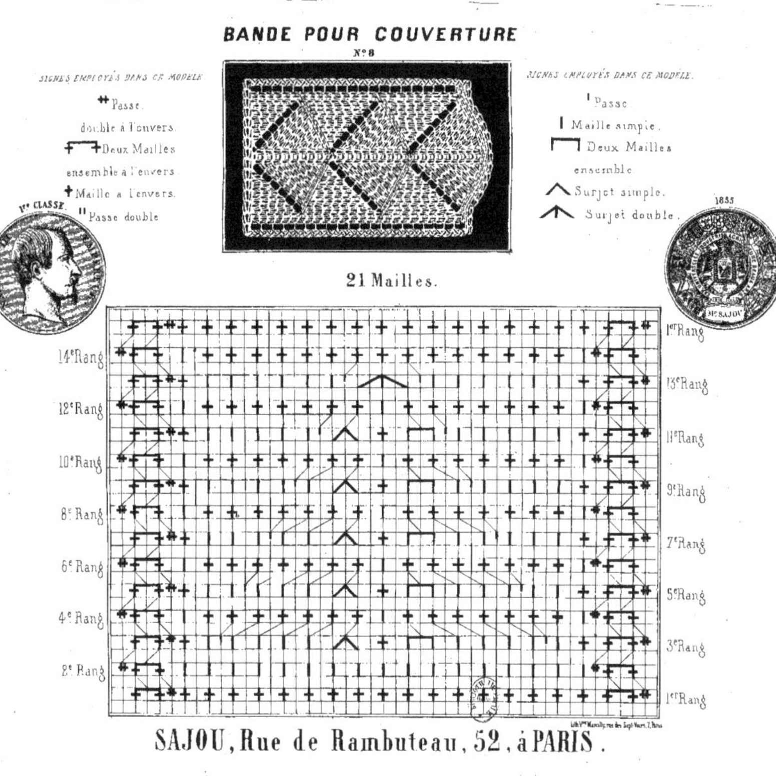

BANDE POUR COUVERTURE
N° 8
SIGNES EMPLOYÉS DANS CE MODÈLE
Passe double à l'envers.
Deux Mailles ensemble à l'envers.
Maille à l'envers.
Passe double
SIGNES EMPLOYÉS DANS CE MODÈLE
Passe
Maille simple.
Deux Mailles ensemble
Surjet simple.
Surjet double.
1re CLASSE.
1855
Mme SAJOU
21 Mailles.
1er Rang
14e Rang
13e Rang
12e Rang
11e Rang
10e Rang
9e Rang
8e Rang
7e Rang
6e Rang
5e Rang
4e Rang
3e Rang
2e Rang
1er Rang
SAJOU, Rue de Rambuteau, 52, à PARIS.

MÉTHODE DE TRICOGRAPHIE BREVETÉE S.G.D.G.

DENTELLE

N° 9

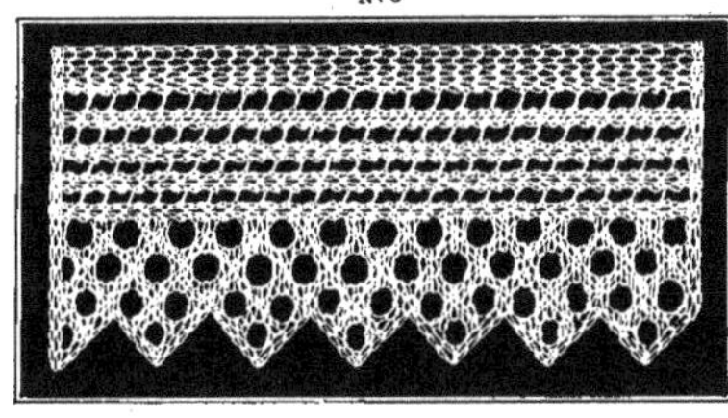

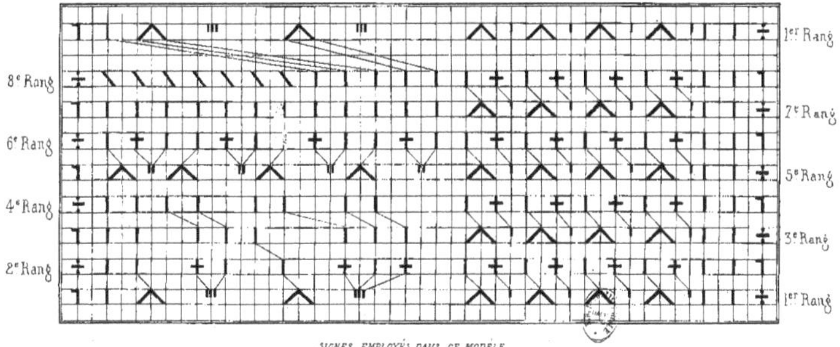

SIGNES EMPLOYÉS DANS CE MODÈLE

÷ Maille à l'envers sans la tricoter. I Maille simple. ' Passe. ∧ Surjet simple. ''' Passe triple. + Maille à l'envers.
˥ Maille simple prise derrière l'aiguille. \ Rabattez une maille.

SAJOU, Rue de Rambuteau, 52, à PARIS.

Lith. Vve Mireuilly, rue des Sept Voies, 7, Paris

MÉTHODE DE TRICOGRAPHIE BREVETÉE S.G.D.G.

ENTRE-DEUX À COQUILLES.

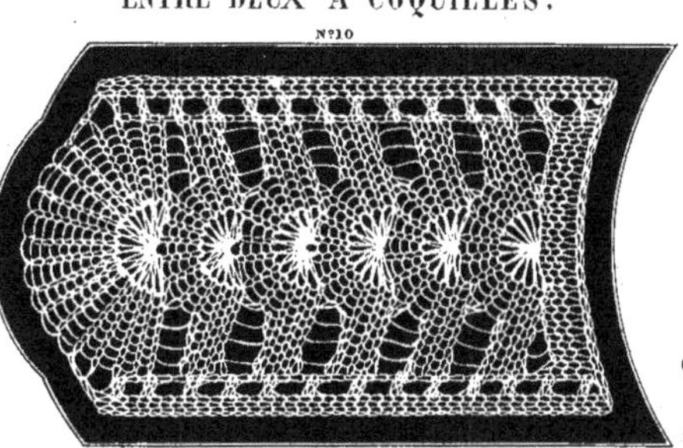

SAJOU
52, Rue de Rambuteau,
PARIS.

MAGASIN
de dessins & d'ouvrages
DE DAMES.

18 Mailles.

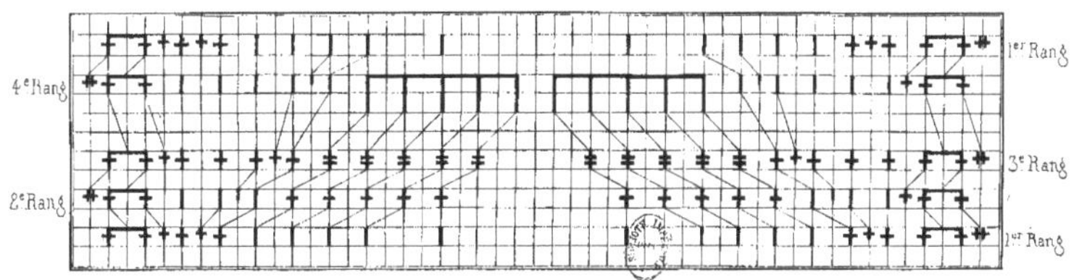

SIGNÉS EMPLOYÉS DANS CE MODÈLE

⧺ Passe double à l'envers. ┍━┑ Deux mailles ensemble à l'envers. + Maille à l'envers. | Maille simple + Passe à l'envers ' Passé ‡ Maille double à l'envers; il faut passer deux fois le fil autour de l'aiguille. ┌┬┬┬┐ Cinq Mailles simples longues ensemble. Il faut commencer par dédoubler les cinq mailles doubles à l'envers; puis les prendre ensemble.

Lith. Vve Marcilly rue des Sept-Voies, 7, Paris

MÉTHODE DE TRICOGRAPHIE BREVETÉE S.G.D.G.

RIDEAUX

N° 11

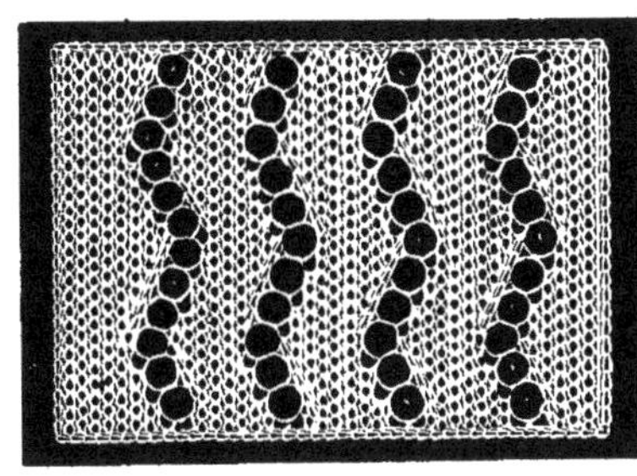

13 mailles & 5 mailles en plus pour chaque raccord.

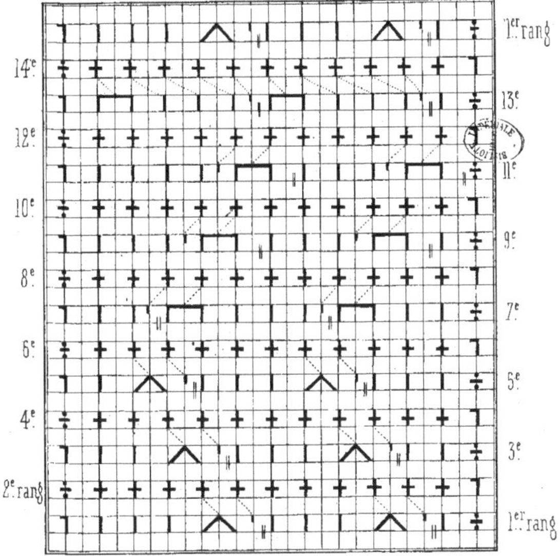

Signes employés dans ce modèle

÷ Maille à l'envers sans la tricoter. | Maille simple. ' Passe. ⅂ Maille simple prise derrière l'aiguille.

⋀ Surjet simple. + Maille à l'envers. ⊓ Deux mailles ensemble. ‖ Signe qui limite le raccord.

SAJOU, Rue de Rambuteau, 52, à PARIS.

Lith. Vve Marcilly, rue des Sept-Voies, 7, Paris

MÉTHODE DE TRICOGRAPHIE BREVETÉE S.G.D.G.

DENTELLE

N°12

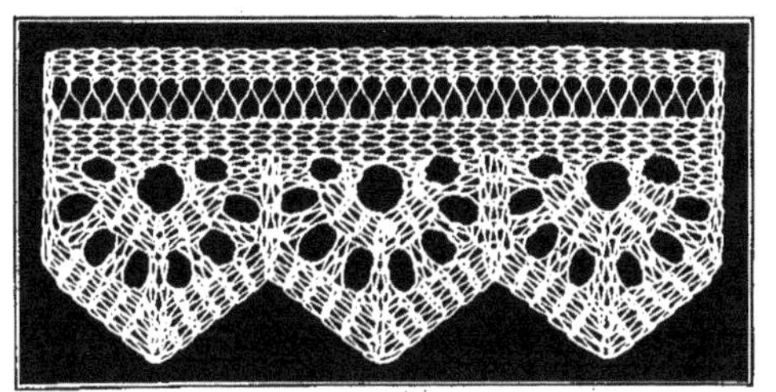

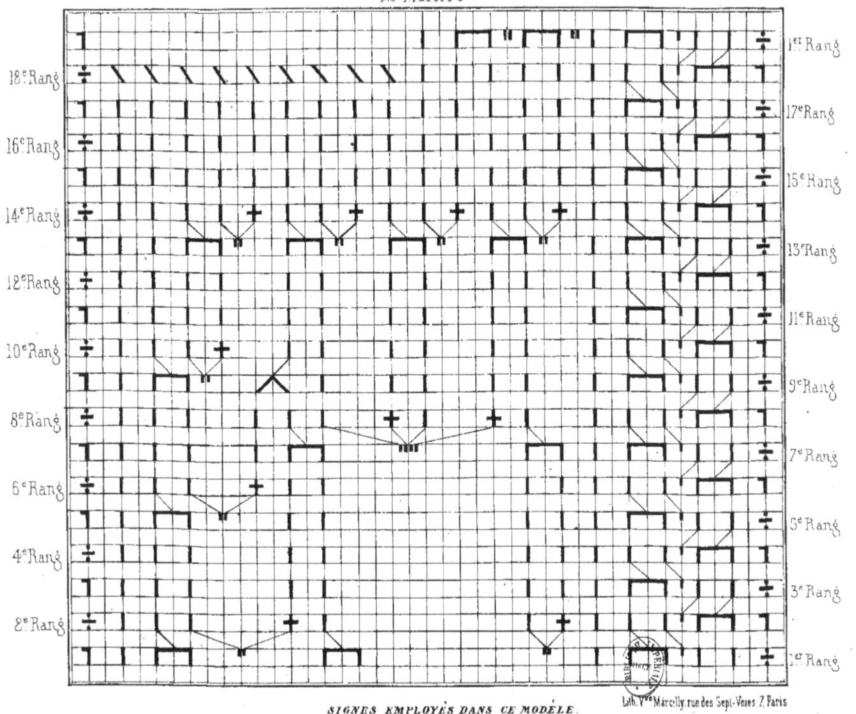

Lith. Vve Marcilly, rue des Sept-Voies 7. Paris

SIGNES EMPLOYÉS DANS CE MODÈLE.

÷ Maille à l'envers sans la tricoter. ❙ Maille simple. ' Passe. ┌┐ Deux mailles ensemble.

" Passe double. ┐ Maille prise derrière l'aiguille. ✚ Maille à l'envers. "" Passe quadruple.

∧ Surjet simple. ╲ Rabattre une maille.

SAJOU

52, Rue de Rambuteau.

PARIS.

MÉTHODE DE TRICOGRAPHIE BREVETÉE S.G.D.G.

ÉCHELLES EN BIAIS.

N° 1

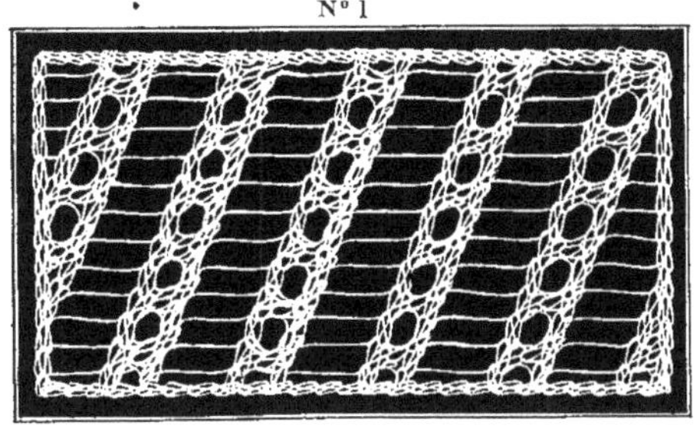

Montez sur 14 Mailles, & ajoutez 5 autres mailles pour chaque raccord en plus.

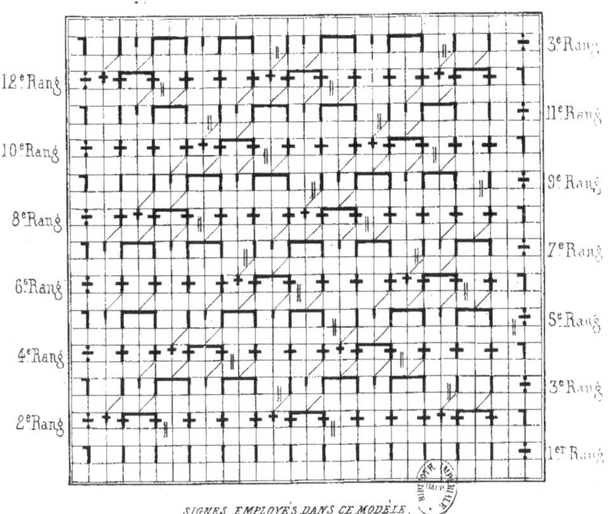

SIGNES EMPLOYÉS DANS CE MODÈLE.

÷ Maille à l'envers sans la tricoter. | Maille simple. ˥ Maille simple prise derrière l'aiguille.
┿━┿ Deux mailles ensemble à l'envers. ⁺ Passe à l'envers. + Maille à l'envers. ' Passe.
┌──┐ Deux mailles ensemble. ‖ Signe qui limite le raccord.

SAJOU

MAGASIN DE DESSINS & D'OUVRAGES DE DAMES.

52, Rue de Rambuteau, PARIS.

Lith Vve Marcilly, rue des Sept-Voies, 7, Paris.

MÉTHODE DE TRICOGRAPHIE BREVETÉE S.G.D.G.

FOND PLEIN, À JOURS EN BIAIS

N° 2

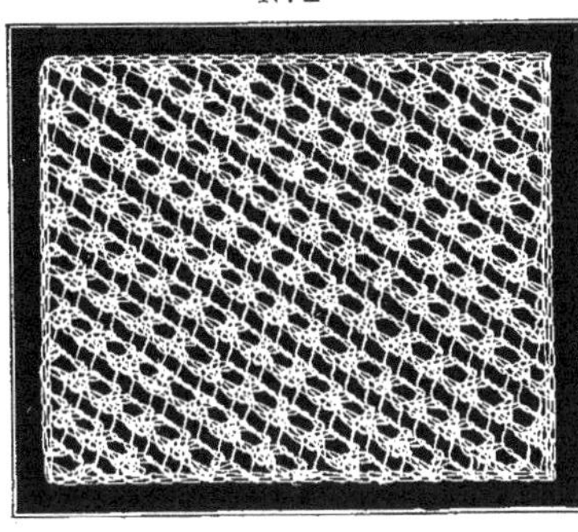

Montez sur 17 Mailles.

Ajoutez 5 mailles pour chaque raccord.

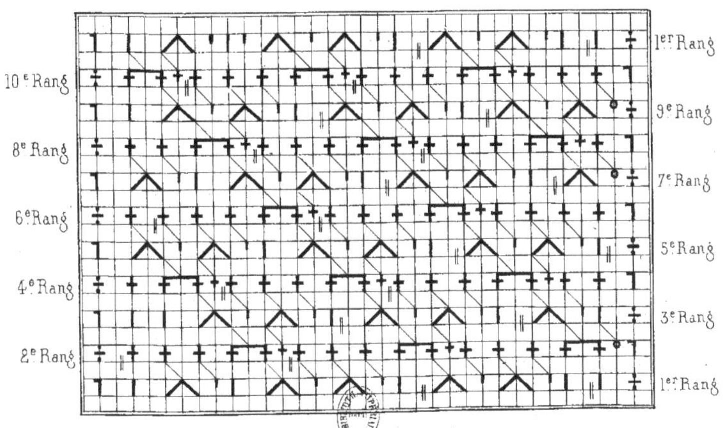

SIGNES EMPLOYÉS DANS CE MODÈLE.

÷ Maille à l'envers sans la tricoter. | Maille simple. ' Passe. ^ Surjet simple. ˥ Maille simple prise derrière l'aiguille. ° Laisser le fil derrière l'aiguille.

+ Maille à l'envers. ┳ ┳ Deux mailles ensemble à l'envers. ⁺ Passe à l'envers. ‖ Signe qui limite le raccord.

SAJOU

MAGASIN DE DESSINS & D'OUVRAGES DE DAMES

52, Rue de Rambuteau, PARIS.

Lith. Vve Marcilly, rue des Sept-Voies, 7, Paris

MÉTHODE DE TRICOGRAPHIE BREVETÉE S.G.D.G.

Entre-deux, même dessin; mais de deux sens différents.

15 Mailles

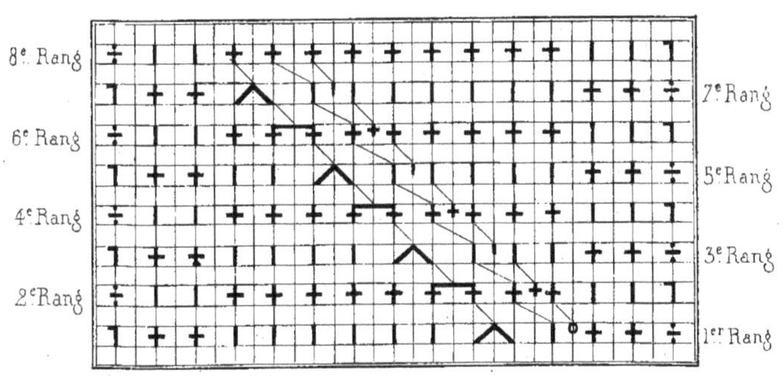

N° 3 N° 3 bis

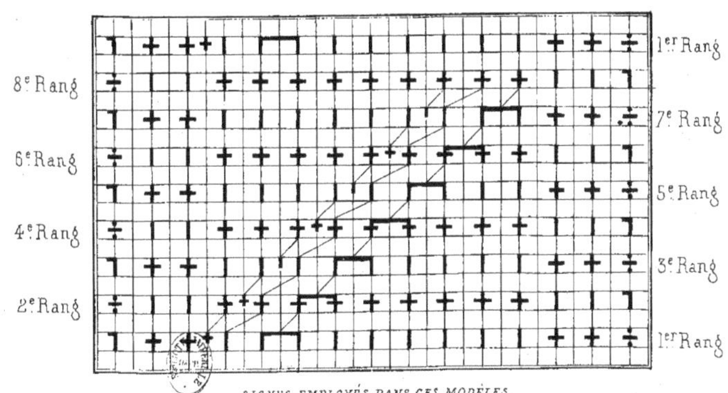

SIGNES EMPLOYÉS DANS CES MODÈLES.

÷ Maille à l'envers sans la tricoter. + Maille à l'envers. ° Laisser le fil devant l'aiguille. | Maille simple. ^ Surjet simple. ˥ Maille simple prise derrière l'aiguille. ⁺ Passe à l'envers. ˈ Passe.

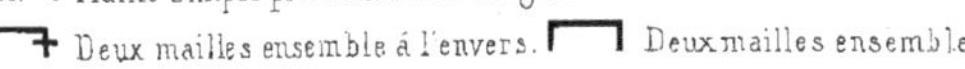

Deux mailles ensemble à l'envers. Deux mailles ensemble.

1re CLASSE. NAPOLÉON III EMPEREUR 1855 Mr SAJOU

SAJOU

MAGASIN DE DESSINS & D'OUVRAGES DE DAMES

52, Rue de Rambuteau, PARIS.

Lith. Vve Marcilly, rue des Sept-Voies, 7, Paris.

MÉTHODE DE TRICOGRAPHIE BREVETÉE S.G.D.G.

FOND PLEIN, À JOURS VARIÉS.

N° 4

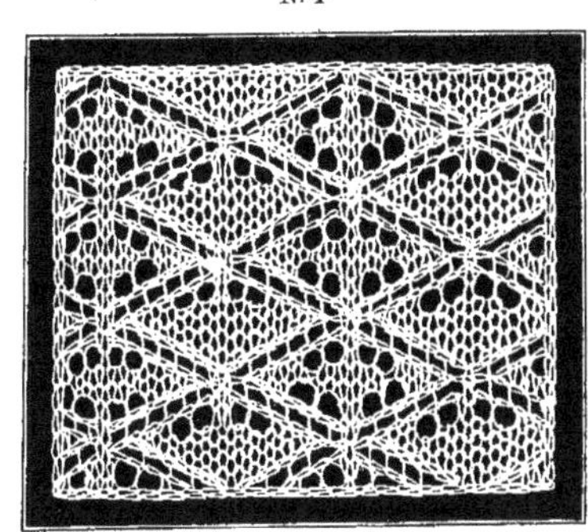

Montez sur 19 Mailles,
Ajoutez 12 Mailles pour chaque raccord.

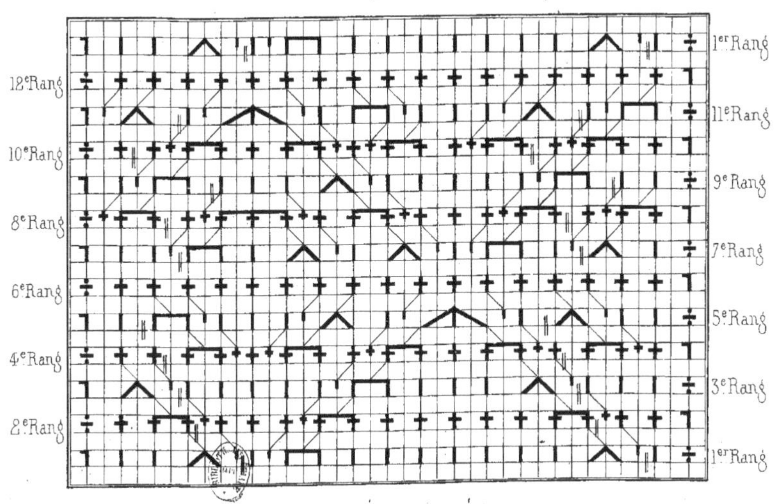

SIGNES EMPLOYÉS DANS CE MODÈLE.

÷ Maille à l'envers sans la tricoter. | Maille simple. ' Passe. ┌┐ Deux mailles ensemble. ∧ Surjet simple.
˥ Maille simple prise derrière l'aiguille. + Maille à l'envers. ⁺ Passe à l'envers ┼─┼ Deux mailles ensemble à l'envers
⌃ Surjet double. ┼─┼─┼ Trois mailles ensemble à l'envers. ‖ Signe qui limite le raccord.

SAJOU

52, Rue de Rambuteau, PARIS.

Lith. Vve Marcilly, rue des Sept Voies, 7, Paris

MÉTHODE DE TRICOGRAPHIE BREVETÉE S.G.D.G.

FOND PLEIN, ŒILLETS ANGLAIS.

N° 5

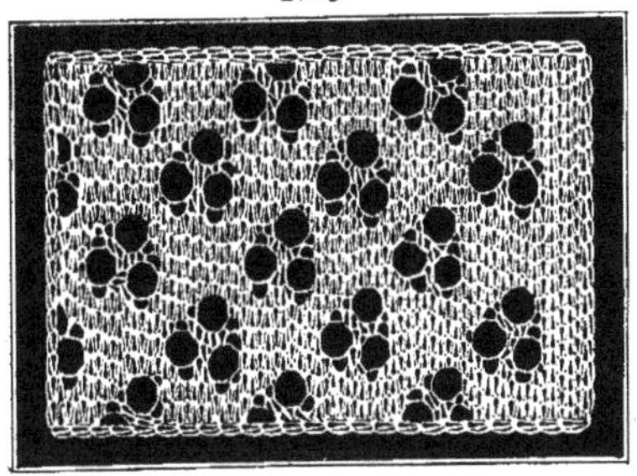

Montez sur 15 Mailles.

Ajoutez 8 Mailles pour chaque raccord.

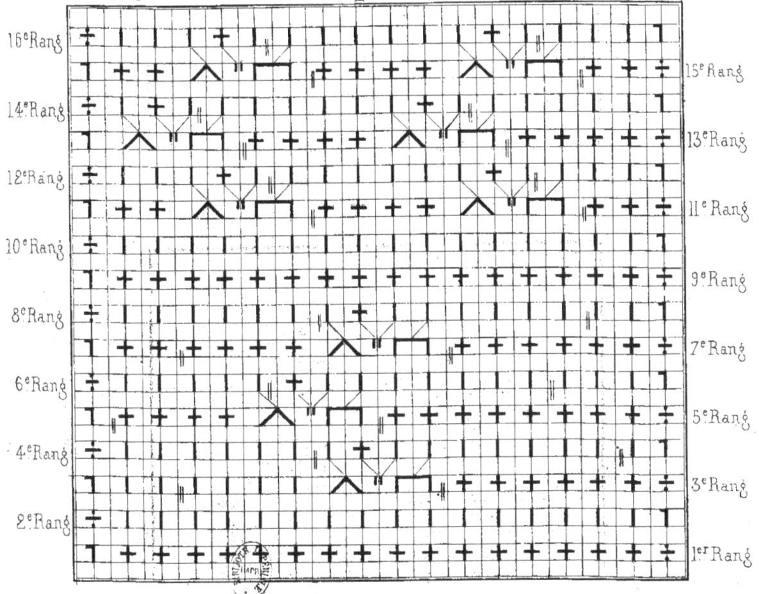

SIGNES EMPLOYÉS DANS CE MODÈLE

÷ Maille à l'envers sans la tricoter. + Maille à l'envers. ˥ Maille simple prise derrière l'aiguille. | Maille simple.
⊓ Deux mailles ensemble. " Passe double. ∧ Surjet simple. ' Passe. ‖ Signe qui limite le raccord.

SAJOU

MAGASIN DE DESSINS & D'OUVRAGES DE DAMES.

52, Rue de Rambuteau, PARIS.

Lith. Vve Marcilly, rue des Sept-Voies, 7, Paris

MÉTHODE DE TRICOCRAPHIE BREVETÉE S.G.D.G.

FOND À JOURS OGIVAUX.

N° 6

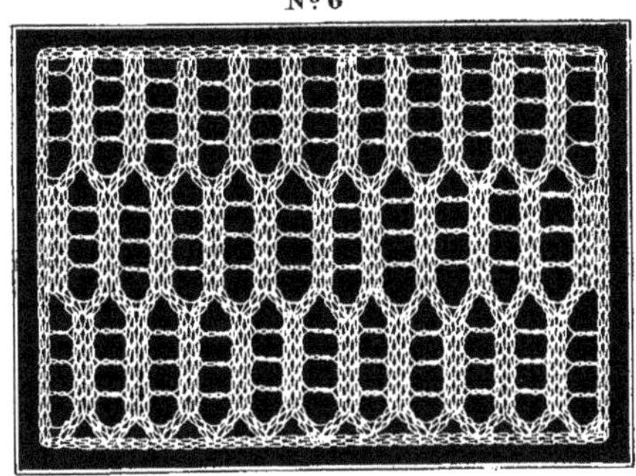

Montez sur 15 mailles. _ Ajoutez 4 mailles par raccord.

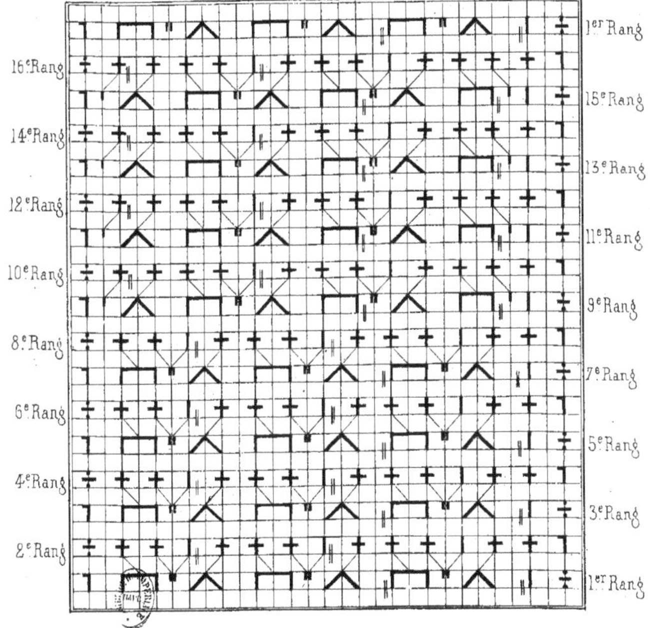

SIGNES EMPLOYÉS DANS CE MODÈLE

÷ Maille à l'envers sans la tricoter. ǀ Maille simple. ∧ Surjet simple. ″ Passe double.
⊓ Deux Mailles ensemble. ˥ Maille simple prise derrière l'aiguille. + Maille à l'envers. ′ Passe.
‖ Signe qui limite le raccord.

SAJOU, Rue de Rambuteau, 52, à PARIS.

Lith. Vve Marcilly, rue des Sept-Voies, 7, Paris

BANDE POUR COUVREPIEDS.

N°13

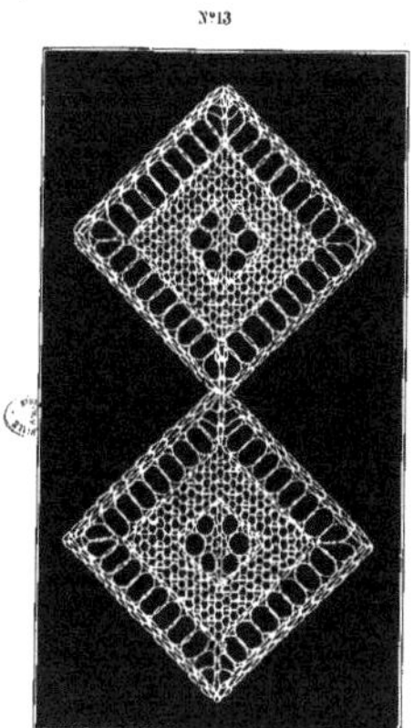

Montez sur 5 Mailles

MÉTHODE DE TRICOGRAPHIE BREVETÉE S.G.D.G.

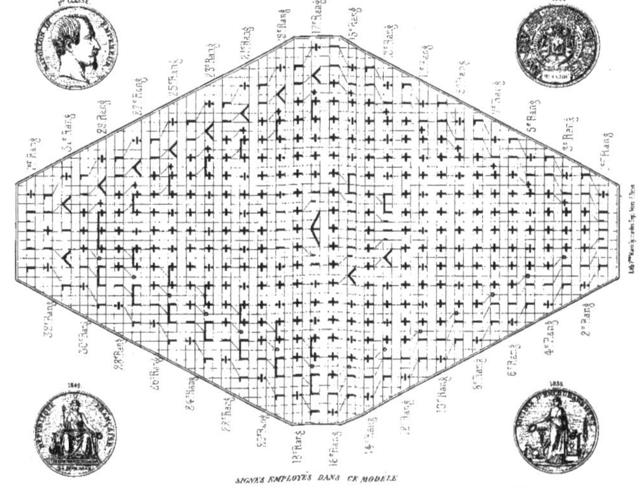

SIGNES EMPLOYÉS DANS CE MODÈLE

÷ Maille à l'envers sans la tricoter. | Maille simple. ' Passe. ˥ Maille simple prise derrière l'Aiguille. + Maille à l'envers. ^ Surjet simple.

+ Passe à l'envers. ┬┬┬ trois Mailles ensemble à l'envers. ° Laisser le fil devant l'aiguille. ┌┐ Deux Mailles ensemble. ⩚ Surjet Double.

SAJOU, Rue de Rambuteau, 52, PARIS.

MÉTHODE DE TRICOGRAPHIE BREVETÉE S.G.D.G.

N° 14.

Tricot
pour Couverture.
Il peut s'éxecuter
tout en Blanc,
ou de deux Couleurs.

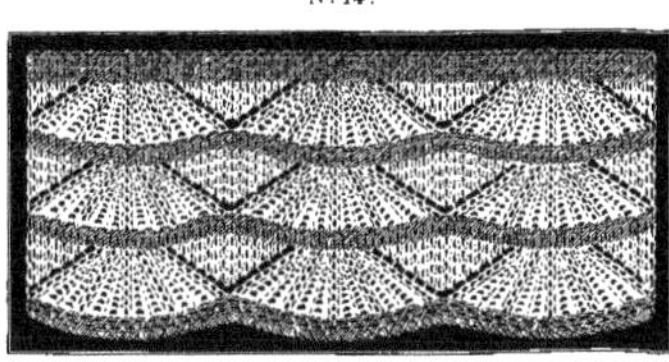

Montez
sur 24 Mailles
Ajoutez 17 Mailles
pour Chaque
raccord en plus

SAJOU, 52, Rue de Rambuteau, PARIS

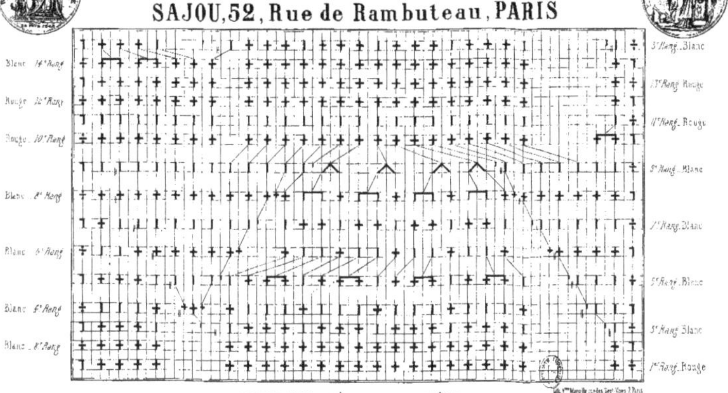

Lith. Vve Marolly r. des Sept Voies 7 Paris

SIGNES EMPLOYÉS DANS CE MODÈLE

÷ *Maille à l'envers sans la tricoter.* + *Maille à l'envers.* ⅂ *Maille simple prise derrière l'aiguille.* | *Maille simple*
' *Passe* + *Passe à l'envers* ⊓ *Deux Mailles ensemble à l'envers.* ^ *Surjet simple*
(*Signe qui limite le raccord*

MÉTHODE DE TRICOGRAPHIE BREVETÉE S.G.D.G.

N° 15

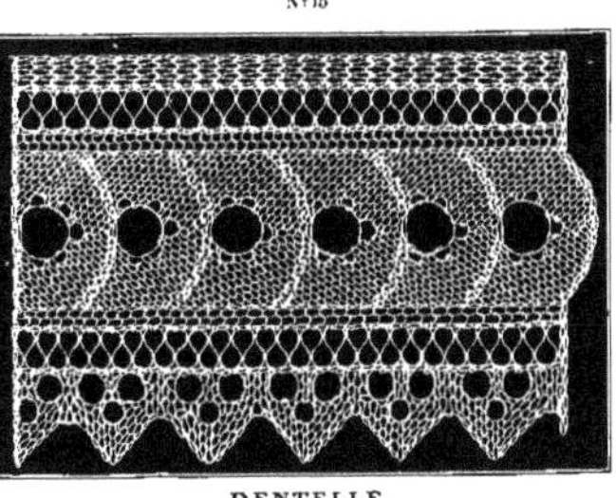

SAJOU
Rue de Rambuteau 52
PARIS

MAGASIN
de dessins et d'ouvrages
DE DAMES.

DENTELLE.
Montez sur 30 Mailles

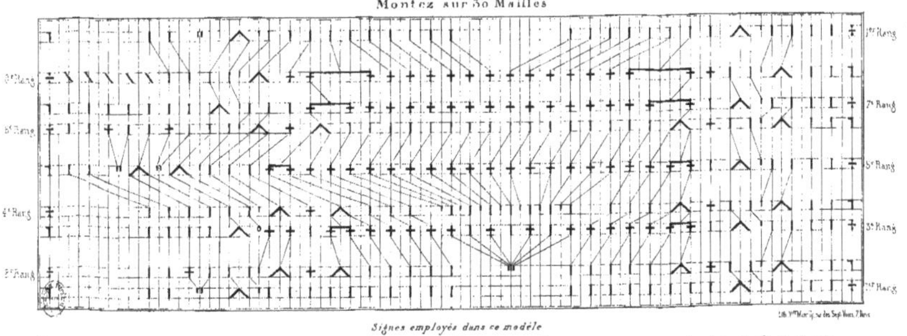

Signes employés dans ce modèle

÷ Maille à l'envers sans la tricoter. | Maille simple. ' Passe. ∧ Surjet simple. " Passe double. ⌉ Maille simple prise derrière l'aiguille. + Maille à l'envers.

''' Passe triple. ┼─┼ Deux mailles ensemble à l'envers. ° Laisser le fil devant l'aiguille. \ Rabattez une Maille.

MÉTHODE DE TRICOGRAPHIE BREVETÉE S.G.D.G.

SAJOU, Rue de Rambuteau, 52, PARIS.

Bande à jours en zig-zag.

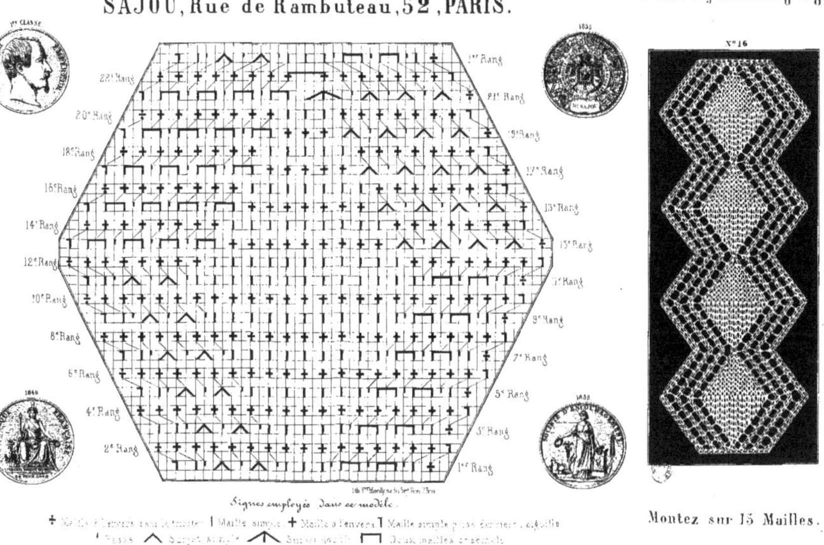

Signes employés dans ce modèle.

Maille simple. Maille à l'envers. Maille simple prise derrière l'aiguille

Passé. Surjet simple. Surjet double. Deux mailles ensemble.

Deux Mailles ensemble à l'envers

Montez sur 15 Mailles.

MÉTHODE DE TRICOGRAPHIE BREVETÉE S.G.D.G.

N° 17.

Tricot
pour Rideaux

Rayures imitation
de Crochet

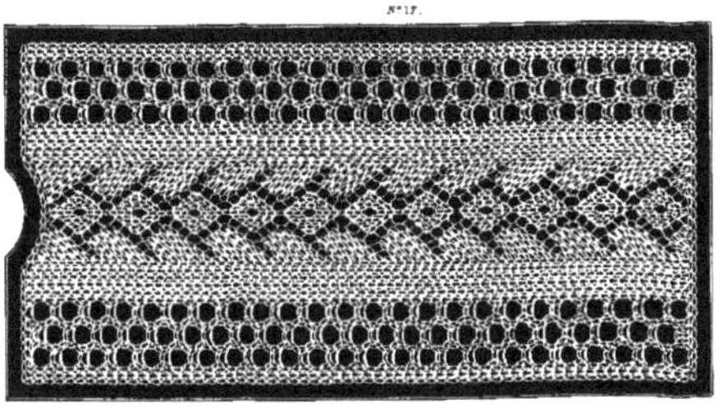

Montez
sur 39 Mailles
Ajoutez
27 Mailles pour chaque
raccord en plus

SAJOU, Rue de Rambuteau, 52, PARIS.

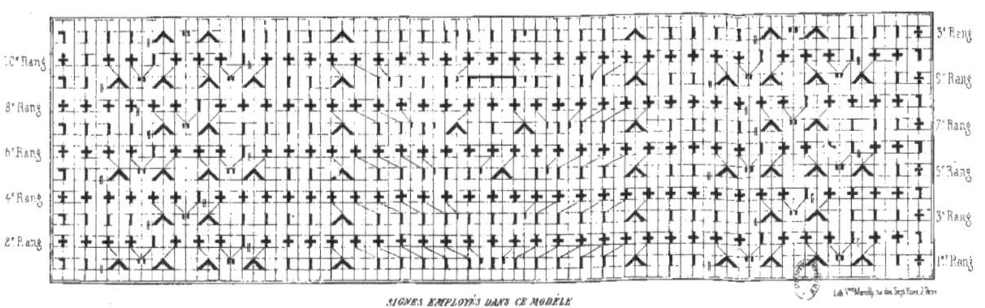

Lith. Vve Marcilly, r. des Sept Voies, 2 Paris

SIGNES EMPLOYÉS DANS CE MODÈLE

Maille à l'envers sans la tricoter. Maille simple. Surjet simple. Passe double. Maille simple prise derrière l'Aiguille. Maille à l'envers. Trois Mailles ensemble. Signe qui limite le raccord.

MÉTHODE
de Tricographie,
BREVETÉE S.G.D.G.

N° 16.

SAJOU
Rue de Rambuteau, 52
PARIS.

Montez
sur 34 Mailles.

Ajoutez
14 Mailles pour chaque
raccord en plus.

FOND PLEIN À FEUILLES DE LILAS.

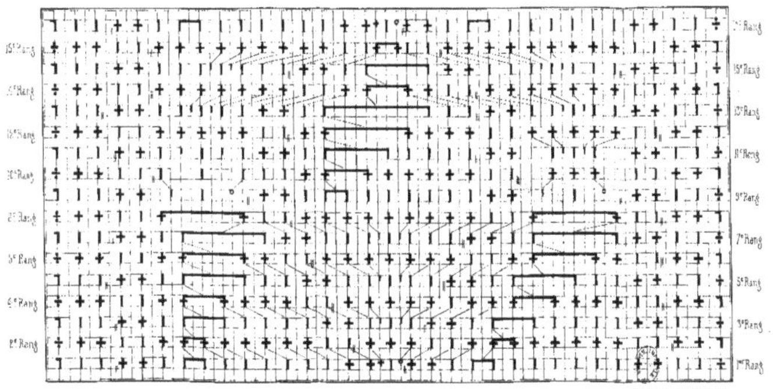

Signes employés dans ce modèle

÷ *Maille à l'envers sans la tricoter.* | *Maille simple.* + *Maille à l'envers.* ⊓ *Deux Mailles ensemble.* ° *Laisser le fil devant l'Aiguille.*
⁺ *Passe à l'envers.* ⅂ *Maille simple prise derrière l'Aiguille.* ⊓ *Deux Mailles ensemble à l'envers.* ' *Passe.* ‖ *Signe qui limite le raccord.*

www.ingramcontent.com/pod-product-compliance
Ingram Content Group UK Ltd.
Pitfield, Milton Keynes, MK11 3LW, UK
UKHW021137230726
13926UKWH00002B/852

9 782014 453614